本書で学習する内容

本書でPowerPointの応用的かつ実用的な機能を学んで、ビジネスで役立つ本物のスキルを身に付けましょう。

画像を加工して
見栄えのするプレゼンテーションに仕上げよう

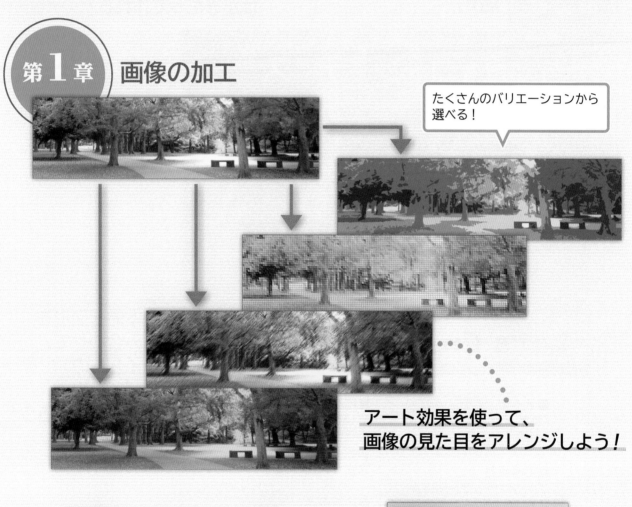

第1章　画像の加工

たくさんのバリエーションから選べる！

アート効果を使って、
画像の見た目をアレンジしよう！

画像の回転やトリミングをしたり、
装飾を加えたりして体裁を整えよう！

写真や図形をレイアウトして
デザイン性豊かなちらしを作ろう

第2章　グラフィックの活用

プレゼン資料だけじゃない！？
PowerPointを使えば、
用紙サイズを自由に設定して
ポスターやちらし、
はがきだって作れる！

基本的な図形を
組み合わせて、
タイトルの
デザインや
イラストを作ろう！

写真コンテスト

Let's Enjoy a CAMERA!

■テーマ
「季節」「動植物」「笑顔」の
3部門

■応募資格
プロ・アマチュアを問いま
せん。

■応募締切
2023年6月30日

■応募先
〒144-0054
東京都大田区新蒲田X-X
株式会社FOMカメラ
写真コンテスト係

■応募条件
2022年3月以降に撮影し
た、未発表の作品に限り
ます。

＜主　催＞株式会社FOMカメラ
＜協　賛＞株式会社イーフォト／CHIDORIフィルム株式会社

文字の背景を半透明の塗りつぶしにすれば、
写真に重ねてもマッチするデザインに！

動画や音声の特長を活かして
訴求力の高いプレゼンテーションにしよう

第3章 動画と音声の活用

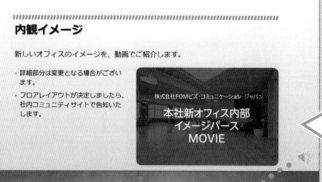

視覚と聴覚に訴えかけて、
より興味・関心を持って
見てもらおう！

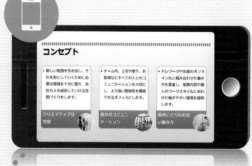

ビデオ形式で書き出せば
PowerPointが入っていない
パソコンやスマホでも動画として再生できる！

デザインを一括で変更して
統一感のあるオリジナルのスライドを作ろう

第4章 スライドのカスタマイズ

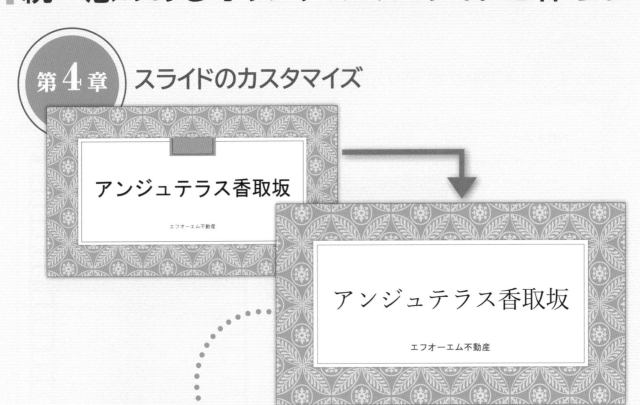

色やフォント、図形の位置などを調整して、
作りたいイメージに合ったスライドに仕上げていこう！
スライドマスターの編集で一括設定！

共通する位置、ヘッダーや
フッターに、ロゴや会社名、
クレジットを入れよう！

■■ エフオーエム不動産

WordやExcelのデータを
プレゼンテーションに組み込もう

第5章 ほかのアプリとの連携

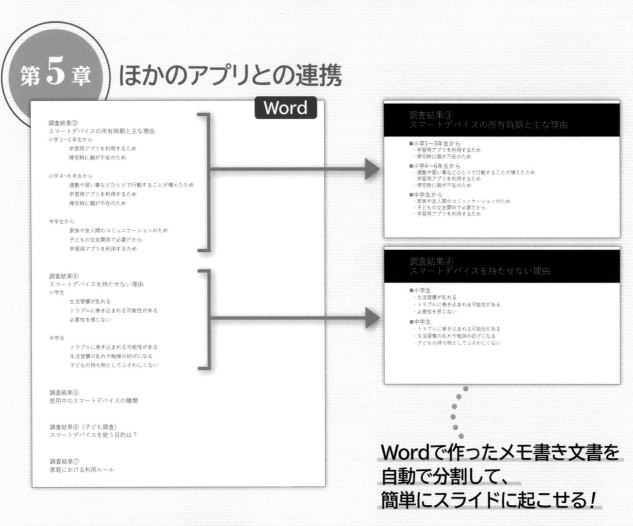

Wordで作ったメモ書き文書を
自動で分割して、
簡単にスライドに起こせる!

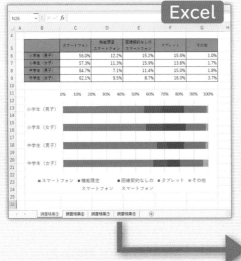

Excelで作ったグラフをスライドへ。
貼り付け方法によっては、
PowerPointでグラフの編集ができる!

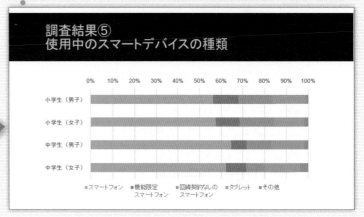

最後にデータの確認や書き出しをして
発表・提供の準備を万全にしておこう

第6章　プレゼンテーションの校閲

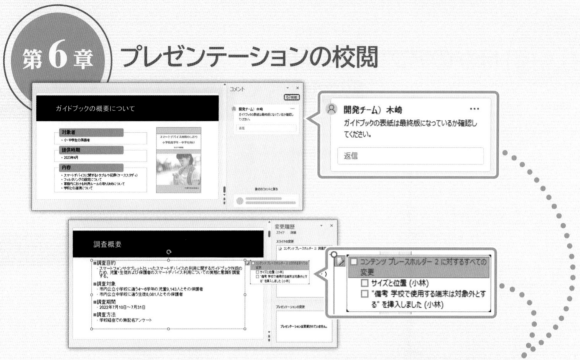

**検索、置換、コメント、比較などの機能を活用して、
プレゼンテーションのチェックや、修正の反映をしよう！**

第7章　プレゼンテーションの検査と保護

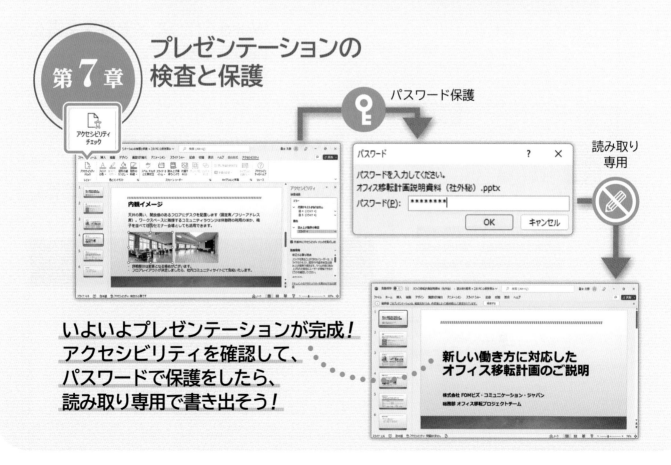

パスワード保護

読み取り専用

**いよいよプレゼンテーションが完成！
アクセシビリティを確認して、
パスワードで保護をしたら、
読み取り専用で書き出そう！**

PowerPointの便利な機能を
様々なシチュエーションで役立てよう

便利な機能

セクションごとにまとめて
移動、デザイン変更、印刷をしよう！
スライド枚数が多いときに管理が楽！

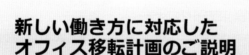

Word文書の配布資料を
作ったり、PDFで保存したり。
用途に合わせてファイルを書き出そう！

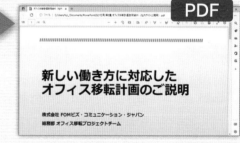

スライド切り替えのタイミングも、
ナレーションの音声も、発表者の
映像も、ペンで書き込んだ箇所も。
全部まとめて録画しよう！

本書を使った学習の進め方

本書の各章は、次のような流れで学習を進めると、効果的な構成になっています。

ステップ 1

学習目標を確認

学習を始める前に、「**この章で学ぶこと**」で学習目標を確認しましょう。

学習目標を明確にすることによって、習得すべきポイントが整理できます。

ステップ 2

章の学習

学習目標を意識しながら、機能や操作を学習しましょう。

ステップ 3

練習問題にチャレンジ

章の学習が終わったら、章末の「**練習問題**」にチャレンジしましょう。

章の内容がどれくらい理解できているかを把握できます。

ステップ 4

学習成果をチェック

章のはじめの「**この章で学ぶこと**」に戻って、学習目標を達成できたかどうかをチェックしましょう。

十分に習得できなかった内容については、該当ページを参照して復習しましょう。

ステップ 5

総合問題で力試し

すべての章の学習が終わったら、「**総合問題**」にチャレンジしましょう。

本書の内容がどれくらい理解できているかを把握できます。

はじめに

多くの書籍の中から、「PowerPoint 2021応用 Office 2021／Microsoft 365対応」を手に取っていただき、ありがとうございます。

本書は、PowerPointを使いこなしたい方を対象に、図形や写真などに様々な効果を設定する方法やスライドのカスタマイズ、ほかのアプリとの連携、コメントや比較などの機能を使ってプレゼンテーションを校閲する方法など、応用的かつ実用的な機能をわかりやすく解説しています。また、練習問題を豊富に用意しており、問題を解くことによって理解度を確認でき、着実に実力を身に付けられます。

また、巻末には、作業の効率化に役立つ「ショートカットキー一覧」を収録しています。

本書は、根強い人気の「よくわかる」シリーズの開発チームが、積み重ねてきたノウハウをもとに作成しており、講習会や授業の教材としてご利用いただくほか、自己学習の教材としても最適です。

本書を学習することで、PowerPointの知識を深め、実務にいかしていただければ幸いです。

なお、プレゼンテーション作成の基本操作については、「よくわかる Microsoft PowerPoint 2021基礎 Office 2021／Microsoft 365対応」(FPT2213)をご利用ください。

> **本書を購入される前に必ずご一読ください**
> 本書は、2022年12月時点のWindows 11(バージョン22H2 ビルド22621.819)および
> PowerPoint 2021(バージョン2210 ビルド16.0.15726.20188)に基づいて解説しています。
> 本書発行後のWindowsやOfficeのアップデートによって機能が更新された場合には、本書の記載のとおりに操作できなくなる可能性があります。あらかじめご了承のうえ、ご購入・ご利用ください。

2023年2月12日
FOM出版

目次

練習問題・総合問題の標準解答は、FOM出版のホームページで提供しています。P.4「5 学習ファイルと標準解答のご提供について」を参照してください。

本書をご利用いただく前に

本書で学習を進める前に、ご一読ください。

1 本書の記述について

操作の説明のために使用している記号には、次のような意味があります。

記述	意味	例
⬜	キーボード上のキーを示します。	Ctrl　Enter
⬜ + ⬜	複数のキーを押す操作を示します。	Shift + Enter （Shift を押しながら Enter を押す）
《　》	ダイアログボックス名やタブ名、項目名など画面の表示を示します。	《挿入》をクリックします。 《図の書式設定》作業ウィンドウを使います。
「　」	重要な語句や機能名、画面の表示、入力する文字などを示します。	「温度：8800K」に変更しましょう。 「担当者」を選択します。

 　》　学習の前に開くファイル

　知っておくべき重要な内容

　知っていると便利な内容

※　補足的な内容や注意すべき内容

Let's **Try**　学習した内容の確認問題

Answer（Let's Try）　確認問題の答え

(HINT)　問題を解くためのヒント

2 製品名の記載について

本書では、次の名称を使用しています。

正式名称	本書で使用している名称
Windows 11	Windows 11 または Windows
Microsoft PowerPoint 2021	PowerPoint 2021 または PowerPoint
Microsoft Word 2021	Word 2021 または Word
Microsoft Excel 2021	Excel 2021 または Excel

3 学習環境について

本書を学習するには、次のソフトが必要です。
また、インターネットに接続できる環境で学習することを前提にしています。

```
PowerPoint 2021    または    Microsoft 365のPowerPoint
Word 2021          または    Microsoft 365のWord
Excel 2021         または    Microsoft 365のExcel
```

◆ 本書の開発環境

本書を開発した環境は、次のとおりです。

OS	Windows 11 Pro（バージョン22H2　ビルド22621.819）
アプリ	Microsoft Office Professional 2021 PowerPoint 2021（バージョン2210　ビルド16.0.15726.20188） Word 2021（バージョン2210　ビルド16.0.15726.20188） Excel 2021（バージョン2210　ビルド16.0.15726.20188）
ディスプレイの解像度	1280×768ピクセル
その他	・WindowsにMicrosoftアカウントでサインインし、インターネットに接続した状態 ・OneDriveと同期していない状態

※本書は、2022年12月時点のPowerPoint 2021またはMicrosoft 365のPowerPointに基づいて解説しています。
　今後のアップデートによって機能が更新された場合には、本書の記載のとおりに操作できなくなる可能性が
　あります。

POINT OneDriveの設定

WindowsにMicrosoftアカウントでサインインすると、同期が開始され、パソコンに保存したファイルが
OneDriveに自動的に保存されます。初期の設定では、デスクトップ、ドキュメント、ピクチャの3つのフォル
ダーがOneDriveと同期するように設定されています。
本書はOneDriveと同期していない状態で操作しています。
OneDriveと同期している場合は、一時的に同期を停止すると、本書の記載と同じ手順で学習できます。
OneDriveとの同期を一時停止および再開する方法は、次のとおりです。

一時停止
◆通知領域の ☁ (OneDrive) → ⚙ (ヘルプと設定) →《同期の一時停止》→停止する時間を選択
※時間が経過すると自動的に同期が開始されます。

再開
◆通知領域の ☁ (OneDrive) → ⚙ (ヘルプと設定) →《同期の再開》

学習時の注意事項について

お使いの環境によっては、次のような内容について本書の記載と異なる場合があります。
ご確認のうえ、学習を進めてください。

◆ボタンの形状

本書に掲載しているボタンは、ディスプレイの解像度を「1280×768ピクセル」、ウィンドウを最大化した環境を基準にしています。

ディスプレイの解像度やウィンドウのサイズなど、お使いの環境によっては、ボタンの形状やサイズ、位置が異なる場合があります。

ボタンの操作は、ポップヒントに表示されるボタン名を参考に操作してください。

例

ボタン名	ディスプレイの解像度が低い場合／ウィンドウのサイズが小さい場合	ディスプレイの解像度が高い場合／ウィンドウのサイズが大きい場合
スライドのレイアウト	▦ ∨	▦ レイアウト ∨
スペルチェックと文章校正	abc✓ スペル チェックと文章校正	abc✓ スペル チェックと文章校正

POINT ディスプレイの解像度の設定

ディスプレイの解像度を本書と同様に設定する方法は、次のとおりです。

◆デスクトップの空き領域を右クリック→《ディスプレイ設定》→《ディスプレイの解像度》の ∨ →《1280×768》

※メッセージが表示される場合は、《変更の維持》をクリックします。

◆Officeの種類に伴う注意事項

Microsoftが提供するOfficeには「ボリュームライセンス（LTSC）版」「プレインストール版」「POSAカード版」「ダウンロード版」「Microsoft 365」などがあり、画面やコマンドが異なることがあります。

本書はダウンロード版をもとに開発しています。ほかの種類のOfficeで操作する場合は、ポップヒントに表示されるボタン名を参考に操作してください。

●Office 2021のLTSC版で《ホーム》タブを選択した状態（2022年12月時点）

◆ アップデートに伴う注意事項

WindowsやOfficeは、アップデートによって不具合が修正され、機能が向上する仕様となっています。そのため、アップデート後に、コマンドやスタイル、色などの名称が変更される場合があります。

本書に記載されているコマンドやスタイルなどの名称が表示されない場合は、掲載画面の色が付いている位置を参考に操作してください。

※本書の最新情報については、P.8に記載されているFOM出版のホームページにアクセスして確認してください。

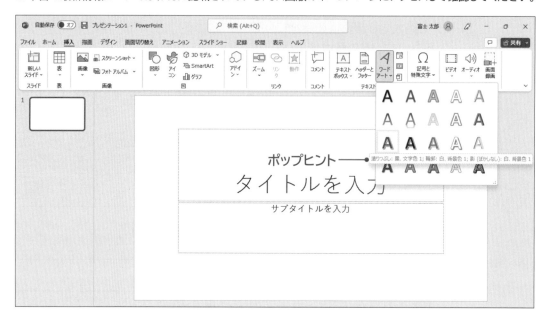

POINT **お使いの環境のバージョン・ビルド番号を確認する**

WindowsやOfficeはアップデートにより、バージョンやビルド番号が変わります。
お使いの環境のバージョン・ビルド番号を確認する方法は、次のとおりです。

Windows 11

◆ ■(スタート)→《設定》→《システム》→《バージョン情報》

Office 2021

◆《ファイル》タブ→《アカウント》→《(アプリ名)のバージョン情報》

※お使いの環境によっては、《アカウント》が表示されていない場合があります。その場合は、《その他》→
　《アカウント》をクリックします。

5　学習ファイルと標準解答のご提供について

本書で使用する学習ファイルと標準解答のPDFファイルは、FOM出版のホームページで提供しています。

ホームページアドレス

https://www.fom.fujitsu.com/goods/

※アドレスを入力するとき、間違いがないか確認してください。

ホームページ検索用キーワード

FOM出版

1 学習ファイル

学習ファイルはダウンロードしてご利用ください。

◆ダウンロード

学習ファイルをダウンロードする方法は、次のとおりです。

①ブラウザーを起動し、FOM出版のホームページを表示します。

※アドレスを直接入力するか、キーワードでホームページを検索します。

②《ダウンロード》をクリックします。

③《アプリケーション》の《PowerPoint》をクリックします。

④《PowerPoint 2021応用 Office 2021／Microsoft 365対応　FPT2214》をクリックします。

⑤《書籍学習用データ》の「fpt2214.zip」をクリックします。

⑥ダウンロードが完了したら、ブラウザーを終了します。

※ダウンロードしたファイルは、パソコン内のフォルダー「ダウンロード」に保存されます。

◆ダウンロードしたファイルの解凍

ダウンロードしたファイルは圧縮されているので、解凍（展開）します。ダウンロードしたファイル「fpt2214.zip」を《ドキュメント》に解凍する方法は、次のとおりです。

①デスクトップ画面を表示します。
②タスクバーの■（エクスプローラー）をクリックします。

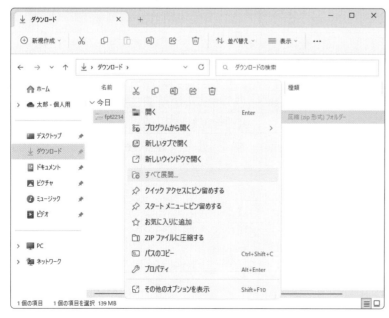

③左側の一覧から《ダウンロード》を選択します。
④ファイル「fpt2214」を右クリックします。
⑤《すべて展開》をクリックします。

⑥《参照》をクリックします。

⑦左側の一覧から《ドキュメント》を選択します。

⑧《フォルダーの選択》をクリックします。

⑨《ファイルを下のフォルダーに展開する》が「C:¥Users¥(ユーザー名)¥Documents」に変更されます。

⑩《完了時に展開されたファイルを表示する》を ✓ にします。

⑪《展開》をクリックします。

⑫ファイルが解凍され、《ドキュメント》が開かれます。

⑬フォルダー「PowerPoint2021応用」が表示されていることを確認します。

※すべてのウィンドウを閉じておきましょう。

◆学習ファイルの一覧

フォルダー「**PowerPoint2021応用**」には、学習ファイルが入っています。タスクバーの 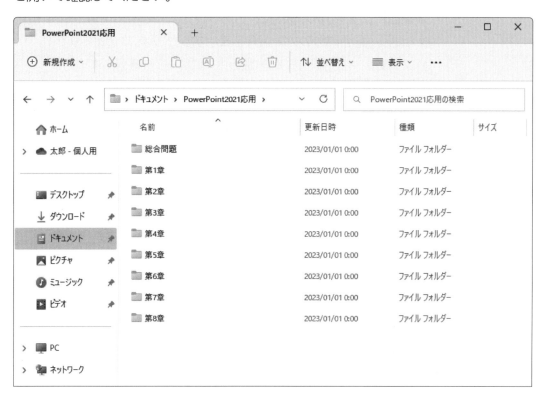（エクスプローラー）→左側の一覧から《**ドキュメント**》を選択し、右側の一覧からフォルダーを開いて確認してください。

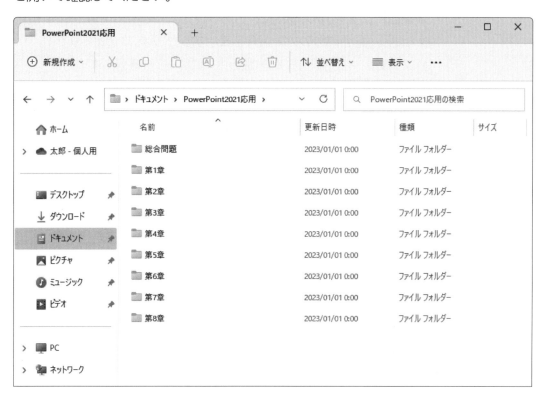

◆学習ファイルの場所

本書では、学習ファイルの場所を《**ドキュメント**》内のフォルダー「**PowerPoint2021応用**」としています。《**ドキュメント**》以外の場所に解凍した場合は、フォルダーを読み替えてください。

◆学習ファイル利用時の注意事項

ダウンロードした学習ファイルを開く際、そのファイルが安全かどうかを確認するメッセージが表示される場合があります。学習ファイルは安全なので、《**編集を有効にする**》をクリックして、編集可能な状態にしてください。

② 練習問題・総合問題の標準解答

練習問題・総合問題の標準的な解答を記載したPDFファイルを提供しています。PDFファイルを表示してご利用ください。

◆PDFファイルの表示

練習問題・総合問題の標準解答を表示する方法は、次のとおりです。

① ブラウザーを起動し、FOM出版のホームページを表示します。
※アドレスを直接入力するか、キーワードでホームページを検索します。

②《ダウンロード》をクリックします。

③《アプリケーション》の《PowerPoint》をクリックします。

④《PowerPoint 2021応用 Office 2021／Microsoft 365対応　FPT2214》をクリックします。

⑤《練習問題・総合問題 標準解答》の「fpt2214_kaitou.pdf」をクリックします。

⑥ PDFファイルが表示されます。
※必要に応じて、印刷または保存してご利用ください。

---

6 本書の最新情報について

本書に関する最新のQ＆A情報や訂正情報、重要なお知らせなどについては、FOM出版のホームページでご確認ください。

ホームページアドレス

> https://www.fom.fujitsu.com/goods/

※アドレスを入力するとき、間違いがないか確認してください。

ホームページ検索用キーワード

> FOM出版

第1章

画像の加工

第1章 ｜ この章で学ぶこと

学習前に習得すべきポイントを理解しておき、
学習後には確実に習得できたかどうかを振り返りましょう。

■ 画像にアート効果を設定できる。　→ P.13 ☑ ☑ ☑

■ 画像の色のトーンを変更できる。　→ P.15 ☑ ☑ ☑

■ 画像を回転できる。　→ P.17 ☑ ☑ ☑

■ 縦横比を指定して画像をトリミングできる。　→ P.22 ☑ ☑ ☑

■ 数値を指定して画像のサイズを変更できる。　→ P.24 ☑ ☑ ☑

■ 図形に合わせて画像をトリミングできる。　→ P.26 ☑ ☑ ☑

■ 図のスタイルをカスタマイズできる。　→ P.27 ☑ ☑ ☑

■ 画像の背景を削除できる。　→ P.30 ☑ ☑ ☑

1 作成するプレゼンテーションの確認

次のようなプレゼンテーションを作成しましょう。

1枚目

2枚目

3枚目

4枚目

5枚目

6枚目

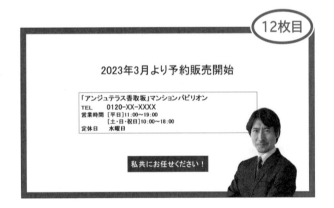

STEP 2 画像の外観を変更する

1 作成するスライドの確認

次のようなスライドを作成しましょう。

アート効果の設定
色のトーンの変更

色のトーンの変更

色の変更

2 アート効果の設定

「**アート効果**」を使うと、写真をスケッチや水彩画などのようなタッチに変更することができます。瞬時にデザイン性の高い外観に変更できるので便利です。

●鉛筆：スケッチ

●ペイント：ブラシ

●パッチワーク

●カットアウト

スライド1の画像にアート効果「**パステル：滑らか**」を設定しましょう。

File OPEN » フォルダー「第1章」のプレゼンテーション「**画像の加工**」を開いておきましょう。
※自動保存がオンになっている場合は、オフにしておきましょう。

①スライド1を選択します。
②画像を選択します。

③《**図の形式**》タブを選択します。
④《**調整**》グループの アート効果 （アート効果）をクリックします。
⑤《**パステル：滑らか**》をクリックします。
※一覧をポイントすると、設定後のイメージを画面で確認できます。

画像にアート効果が設定されます。

POINT リアルタイムプレビュー

「リアルタイムプレビュー」とは、一覧の選択肢をポイントして、設定後のイメージを画面で確認できる機能です。設定前に確認することで、繰り返し設定しなおす手間を省くことができます。

POINT アート効果の解除

アート効果を設定した画像を元の状態に戻す方法は、次のとおりです。
◆画像を選択→《図の形式》タブ→《調整》グループの アート効果 （アート効果）→《なし》

色のトーンの変更

色✓ (色)を使うと、画像の色の彩度 (鮮やかさ) やトーン (色調) を調整したり、セピアや白黒、テーマに合わせた色などに変更したりできます。

「色のトーン」は、色温度を4700K〜11200Kの間で指定でき、数値が大きくなるほど温かみのある色合いに調整できます。

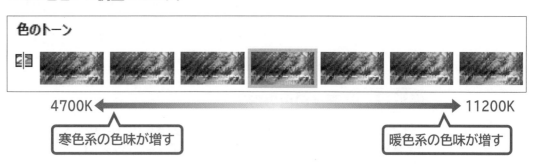

スライド1の画像の色のトーンを**「温度：8800K」**に変更しましょう。

① スライド1を選択します。

② 画像を選択します。

③ **《図の形式》**タブを選択します。

④ **《調整》**グループの 色✓ (色) をクリックします。

⑤ **《色のトーン》**の**《温度：8800K》**をクリックします。

色のトーンが変更されます。

POINT **画像のリセット**

画像に行った様々な調整を一度に取り消すことができます。
画像をリセットする方法は、次のとおりです。

◆ 画像を選択→**《図の形式》**タブ→**《調整》**グループの 📷 (図のリセット)

STEP UP 画像の色の変更

🖼色〜(色)の《色の変更》を使うと、画像の色をグレースケールやセピアなどの色に変更できます。

色の変更

STEP UP 画像の色の彩度

🖼色〜(色)の《色の彩度》を使うと、画像の色の彩度(鮮やかさ)を調整できます。
色の鮮やかさを0%〜400%の間で指定でき、0%に近いほど色が失われてグレースケールに近くなり、数値が大きくなるにつれて鮮やかさが増します。

色の彩度

0% ←――――――――――――――→ 400%

色が失われる　　　　　　　鮮やかになる

Let's Try

ためしてみよう

次のようにスライドを編集しましょう。

① スライド4のSmartArtグラフィック内の左下の画像の色をセピアに変更しましょう。

② スライド4のSmartArtグラフィック内の右上の画像の色のトーンを「温度：8800K」に変更しましょう。

①

① スライド4を選択

② SmartArtグラフィック内の左下の画像を選択

③《図の形式》タブを選択

④《調整》グループの🖼色〜(色)をクリック

⑤《色の変更》の《セピア》(左から3番目、上から1番目)をクリック

②

① スライド4が表示されていることを確認

② SmartArtグラフィック内の右上の画像を選択

③《図の形式》タブを選択

④《調整》グループの🖼色〜(色)をクリック

⑤《色のトーン》の《温度：8800K》(左から6番目)をクリック

STEP 3 画像を回転する

1 作成するスライドの確認

次のようなスライドを作成しましょう。

信頼のアンジュテラスシリーズ

自然を感じる邸宅型マンション　　　　時を経ても変わることのない品質

画像の回転

2 画像の回転

「**オブジェクトの回転**」を使うと、挿入した画像を90度回転したり、左右または上下に反転したりできます。また、画像を選択したときに表示される ⟳ をドラッグすることで、任意の角度に回転することもできます。

1 画像の挿入

スライド2に、フォルダー「**第1章**」の画像「**リビングルーム**」を挿入しましょう。

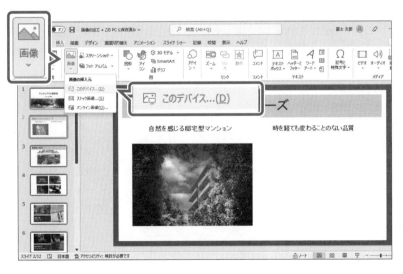

① スライド2を選択します。
② 《**挿入**》タブを選択します。
③ 《**画像**》グループの 🖾 （画像を挿入します）をクリックします。
④ 《**このデバイス**》をクリックします。

《図の挿入》ダイアログボックスが表示されます。
画像が保存されている場所を選択します。

⑤左側の一覧から《ドキュメント》を選択します。

⑥右側の一覧から「PowerPoint2021応用」を選択します。

⑦《開く》をクリックします。

⑧「第1章」を選択します。

⑨《開く》をクリックします。

挿入する画像を選択します。

⑩「リビングルーム」を選択します。

⑪《挿入》をクリックします。

画像が挿入されます。
リボンに《図の形式》タブが表示されます。

2 画像の回転

画像「リビングルーム」のサイズを調整し、右に90度回転しましょう。

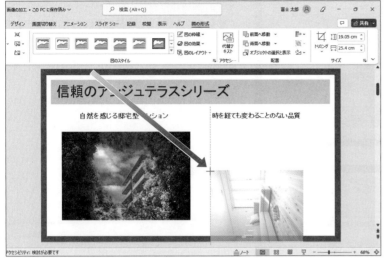

① 画像を選択します。
② 図のように、画像の〇（ハンドル）をドラッグしてサイズを変更します。
　ドラッグ中、マウスポインターの形が＋に変わります。
※ サイズ変更中、スマートガイドと呼ばれる点線が表示されます。

③ 《図の形式》タブを選択します。
④ 《配置》グループの（オブジェクトの回転）をクリックします。
⑤ 《右へ90度回転》をクリックします。

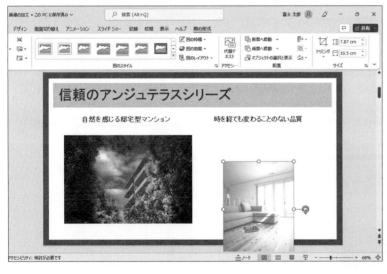

画像が回転します。

⑥図の位置に、画像をドラッグして移動
します。
ドラッグ中、マウスポインターの形が
✛に変わります。

※移動中、スマートガイドと呼ばれる点線が表示
されます。

画像が移動します。

STEP UP **画像の反転**

画像を上下または左右に反転できます。
画像を反転する方法は、次のとおりです。

◆画像を選択→《図の形式》タブ→《配置》グループの ⌞▾（オブジェクトの回転）→《上下反転》／《左右反転》

POINT **スマートガイド**

「スマートガイド」とは、ドラッグ操作でオブジェクトの位置を移動したり、サイズを変更したりするときに表示される赤い点線のことです。
オブジェクトの移動やコピーをしているときは、ほかのオブジェクトの上端や下端、中心などにそろう位置や等間隔に配置される位置などに表示されます。
また、オブジェクトのサイズを変更しているときは、基準となるオブジェクトと高さや幅がそろう位置などに表示されます。
オブジェクトの移動やコピーをしたり、サイズを変更したりするときは、スマートガイドを目安にすると効率よく配置できます。

スマートガイド

STEP 4 画像をトリミングする

1 作成するスライドの確認

次のようなスライドを作成しましょう。

縦横比を指定して
トリミング

図形に合わせて
トリミング

2 画像のトリミング

画像の上下左右の不要な部分を切り取って、必要な部分だけ残すことを「**トリミング**」といいます。

画像をトリミングする場合、自由なサイズでトリミングすることもできますが、縦横比を指定してトリミングしたり、四角形や円などの図形の形に合わせてトリミングしたりすることもできます。また、画像の表示位置を変更することもできます。

3 縦横比を指定してトリミング

複数の画像を同じサイズにそろえる場合、縦横比を指定して画像をトリミングすると効率的です。
縦横比を指定して画像のサイズをそろえる手順は、次のとおりです。

1 縦横比を指定して画像をトリミング

画像を選択し、縦横比を指定してトリミングします。

2 画像の位置やサイズを調整

トリミングした画像の位置やサイズを調整します。

■1 縦横比を指定してトリミング

スライド2の画像を縦横比「1:1」でトリミングし、画像の表示位置を変更しましょう。

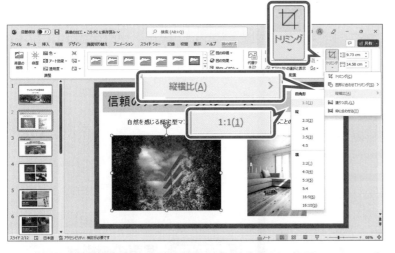

① スライド2を選択します。

② 左側の画像を選択します。

③ 《図の形式》タブを選択します。

④ 《サイズ》グループの （トリミング） の [トリミング] をクリックします。

⑤ 《縦横比》をポイントします。

⑥ 《四角形》の《1:1》をクリックします。

縦横比「1:1」でトリミングされる部分が表示されます。

また、切り取られる部分がグレーになります。

トリミングの範囲を変更します。

⑦ 右下の ⌐ をポイントします。

マウスポインターの形が ⌐ に変わります。

⑧ [Shift] を押しながら、図のように左上にドラッグします。

ドラッグ中、マウスポインターの形が ＋ に変わります。

※ [Shift] を押しながらドラッグすると、縦横比を固定したままサイズを変更できます。

縦横比が1:1のまま、トリミングの範囲が変更されます。

画像の表示位置を変更します。

⑨ 画像をポイントします。

※ カラーの部分でもグレーの部分でもかまいません。

マウスポインターの形が ✛ に変わります。

⑩ 図のように、画像を右側にドラッグします。

画像の表示位置が変更されます。

トリミングを確定します。

⑪トリミングした画像以外の場所をクリックします。

トリミングが確定します。

STEP UP **写真の縦横比**

撮影した写真は、カメラの種類や設定によって縦横比が異なります。例えば、スマートフォンで撮影した写真は16：9や4：3、一眼レフなどのカメラで撮影した写真は3：2などの縦横比になります。
異なる縦横比の写真でも、スライドに挿入したあとで同じ縦横比にトリミングすると、写真のサイズをそろえることができます。

2 画像のサイズ変更と移動

画像のサイズは、ドラッグして変更するだけでなく、数値を指定して変更することもできます。
複数の画像のサイズをそろえる場合は、数値を指定して変更するとよいでしょう。
画像のサイズを高さ「11cm」、幅「11cm」に変更し、位置を調整しましょう。

①左側の画像を選択します。

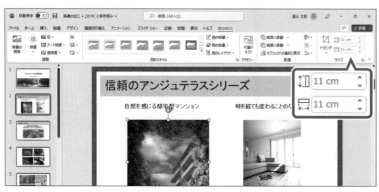

②《図の形式》タブを選択します。

③《サイズ》グループの（図形の高さ）を「11cm」に設定します。

④《サイズ》グループの（図形の幅）が自動的に「11cm」になったことを確認します。

※自動的に変わらない場合は、（図形の幅）をクリックします。

画像のサイズが変更されます。

⑤図の位置に、画像をドラッグして移動
します。

 et's Try

ためしてみよう

次のようにスライドを編集しましょう。

①スライド2の右側の画像を縦横比「1：1」でトリミングし、画像の表示位置を図のように変更しましょう。
②スライド2の右側の画像のサイズを高さ「11cm」、幅「11cm」に変更し、位置を調整しましょう。

Let's Try Answer

①

①スライド2を選択
②右側の画像を選択
③《図の形式》タブを選択
④《サイズ》グループの ☐（トリミング）の ☐ をクリック
⑤《縦横比》をポイント
⑥《四角形》の《1：1》をクリック
⑦ Shift を押しながら、画像の右上の ┓ をドラッグして、トリミングの範囲を変更
⑧画像をドラッグして画像の表示位置を調整
⑨画像以外の場所をクリック

②

①スライド2が表示されていることを確認
②右側の画像を選択
③《図の形式》タブを選択
④《サイズ》グループの ☐（図形の高さ）を「11cm」に設定
⑤《サイズ》グループの ☐（図形の幅）が「11cm」になっていることを確認
※自動的に変わらない場合は、☐（図形の幅）をクリックします。
⑥画像をドラッグして移動

4 図形に合わせてトリミング

「**図形に合わせてトリミング**」を使うと、画像を雲や星、吹き出しなどの図形の形状に切り抜くことができます。
スライド8の画像を、角の丸い四角形の形にトリミングしましょう。

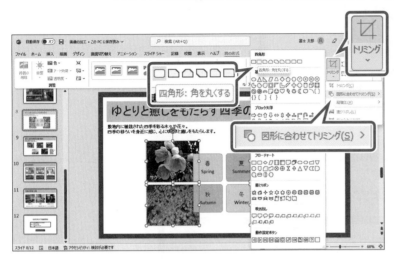

① スライド8を選択します。

② サクラの画像を選択します。

③ 「Shift」を押しながら、「**アサガオ**」「**モミジ**」「**サザンカ**」の画像を選択します。

④ 《**図の形式**》タブを選択します。

⑤ 《**サイズ**》グループの （トリミング）の をクリックします。

⑥ 《**図形に合わせてトリミング**》をポイントします。

⑦ 《**四角形**》の （四角形：角を丸くする）をクリックします。

角の丸い四角形にトリミングされます。

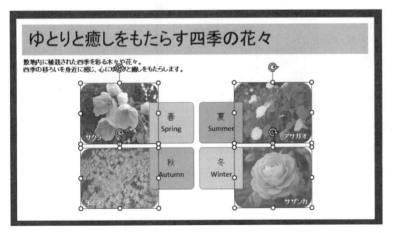

(STEP UP) 画像の圧縮

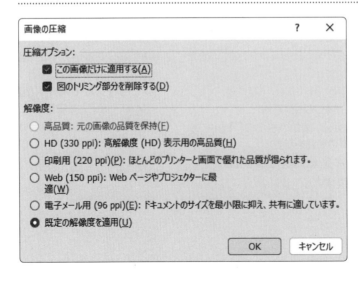

挿入した画像の解像度によっては、プレゼンテーションのファイルサイズが大きくなる場合があります。プレゼンテーションをメールで送ったり、サーバー上で共有したりする場合は、スライド内の画像の解像度を変更したり、トリミング部分を削除したりして、画像を圧縮するとよいでしょう。
画像を圧縮する方法は、次のとおりです。

◆画像を選択→《図の形式》タブ→《調整》グループの （図の圧縮）

STEP 5 図のスタイルをカスタマイズする

1 作成するスライドの確認

次のようなスライドを作成しましょう。

図のスタイルの
カスタマイズ

2 図のスタイルのカスタマイズ

「図のスタイル」とは、画像を装飾するための書式を組み合わせたものです。枠線や影、光彩などの様々な効果を設定できます。

画像にスタイルを適用したあとで、枠線の色や太さを変えたり、ぼかしを追加したりするなど、自由に書式を変更して独自のスタイルにカスタマイズできます。

スタイルをカスタマイズするには、**《図の書式設定》**作業ウィンドウを使います。

スライド2の2つの画像にスタイル**「メタルフレーム」**を適用し、次のようにカスタマイズしましょう。

線の幅	：17pt
影のスタイル	：オフセット：右下
影の距離	：10pt

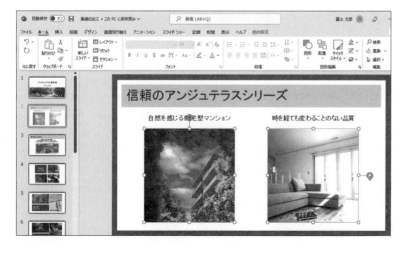

①スライド2を選択します。

②左側の画像を選択します。

③ [Shift] を押しながら、右側の画像を選択します。

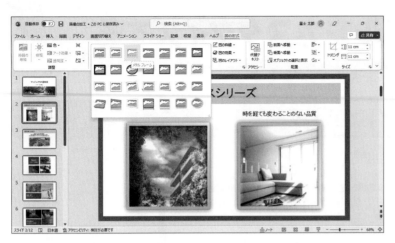

④《図の形式》タブを選択します。

⑤《図のスタイル》グループの ▼ (その他) をクリックします。

⑥《メタルフレーム》をクリックします。

画像にスタイルが適用されます。

⑦2つの画像が選択されていることを確認します。

⑧画像を右クリックします。

※選択されている画像であれば、どちらでもかまいません。

⑨《オブジェクトの書式設定》をクリックします。

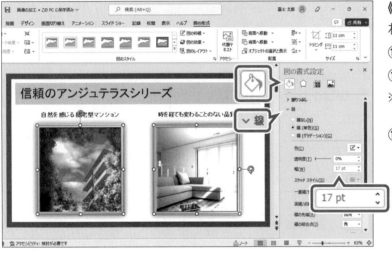

《図の書式設定》作業ウィンドウが表示されます。

⑩ (塗りつぶしと線) をクリックします。

⑪《線》をクリックして、詳細を表示します。

※《線》の詳細が表示されている場合は、⑫に進みます。

⑫《幅》を「17pt」に設定します。

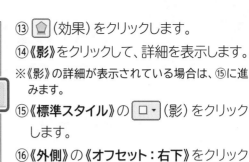

⑬ 📖 (効果) をクリックします。

⑭ 《影》をクリックして、詳細を表示します。

※《影》の詳細が表示されている場合は、⑮に進みます。

⑮ 《標準スタイル》の □▼ (影) をクリックします。

⑯ 《外側》の《オフセット：右下》をクリックします。

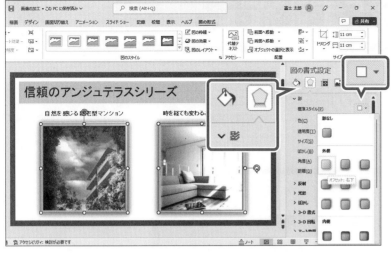

⑰ 《距離》を「10pt」に設定します。

⑱ 《図の書式設定》作業ウィンドウの × (閉じる) をクリックします。

スタイルが変更されます。

※画像以外の場所をクリックして、選択を解除しておきましょう。

(STEP UP) 画像の変更

スライド上の画像を、別の画像に変更するときに「図の変更」を使うと、元の画像に設定したサイズや位置、スタイルを保持したままで画像を変更できます。
画像を変更する方法は、次のとおりです。

◆画像を選択→《図の形式》タブ→《調整》グループの 🖼▼ (図の変更)

Step 6 画像の背景を削除する

1 作成するスライドの確認

次のようなスライドを作成しましょう。

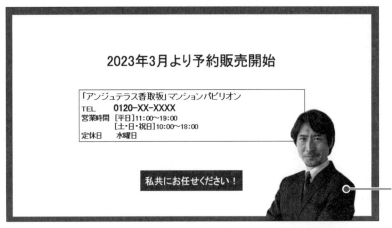

画像の背景の削除

2 背景の削除

「背景の削除」を使うと、撮影時に写りこんだ建物や人物など不要なものを削除できます。
画像の一部分だけを表示したい場合などに使うと便利です。
背景を削除する手順は、次のとおりです。

1 背景を削除する画像を選択

背景を削除する画像を選択し、《図の形式》タブ→《調整》グループの ☐ (背景の削除)をクリックします。

2 削除範囲の自動認識

削除される範囲が自動的に認識されます。削除される範囲は紫色で表示されます。

3 削除範囲の調整

(保持する領域としてマーク) や (削除する領域としてマーク) を使って、クリックまたはドラッグして範囲を調整します。

4 削除範囲の確定

(背景の削除を終了して、変更を保持する) をクリックして、削除する範囲を確定します。
再度、 (背景の削除) をクリックすると範囲を調整できます。

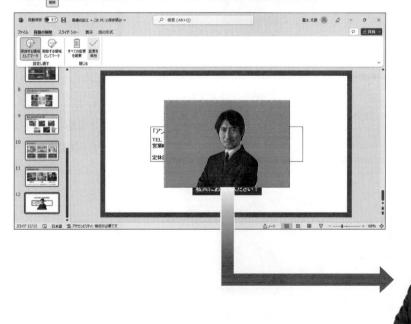

1 背景の削除

スライド12にフォルダー「**第1章**」の画像「**担当者**」を挿入し、画像の背景を削除しましょう。

① スライド12を選択します。

② 《**挿入**》タブを選択します。

③ 《**画像**》グループの（画像を挿入します）をクリックします。

④ 《**このデバイス**》をクリックします。

《**図の挿入**》ダイアログボックスが表示されます。

画像が保存されている場所を選択します。

⑤ フォルダー「**第1章**」が開かれていることを確認します。

※「第1章」が開かれていない場合は、《ドキュメント》→「PowerPoint2021応用」→「第1章」を選択します。

挿入する画像を選択します。

⑥ 右側の一覧から「**担当者**」を選択します。

⑦ 《**挿入**》をクリックします。

画像が挿入されます。

⑧ 画像を選択します。

⑨ 《**図の形式**》タブを選択します。

⑩ 《**調整**》グループの（背景の削除）をクリックします。

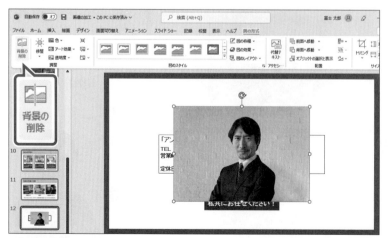

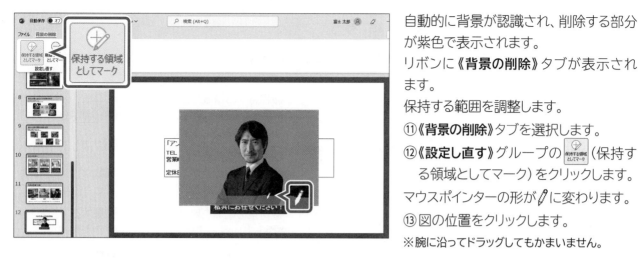

自動的に背景が認識され、削除する部分が紫色で表示されます。

リボンに《**背景の削除**》タブが表示されます。

保持する範囲を調整します。

⑪《**背景の削除**》タブを選択します。

⑫《**設定し直す**》グループの（保持する領域としてマーク）をクリックします。

マウスポインターの形が 🖋 に変わります。

⑬ 図の位置をクリックします。

※腕に沿ってドラッグしてもかまいません。

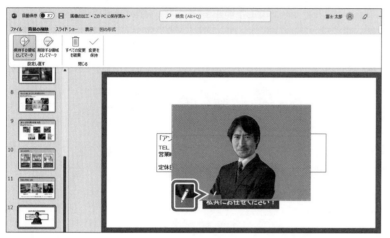

クリックした部分が保持する領域として認識されます。

※削除する領域としてマークする場合は、（削除する領域としてマーク）をクリックして、削除する範囲を指定します。

※範囲の指定を最初からやり直したい場合は、《背景の削除》タブ→《閉じる》グループの（背景の削除を終了して、変更を破棄する）をクリックします。

⑭ 同様に、人物だけが残るようにクリックします。

※1回のクリックで保持する領域を認識できた場合は、⑮に進みます。

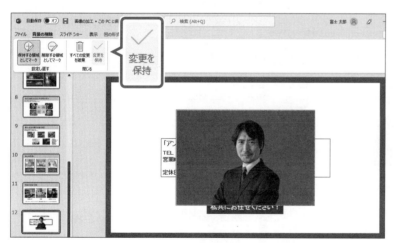

削除する範囲を確定します。

⑮《**閉じる**》グループの（背景の削除を終了して、変更を保持する）をクリックします。

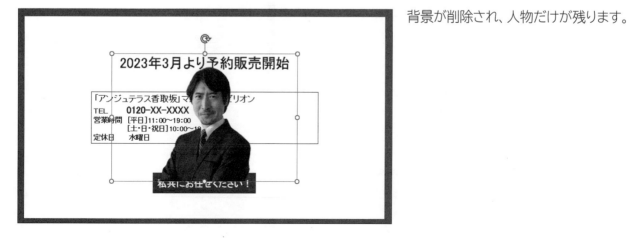

背景が削除され、人物だけが残ります。

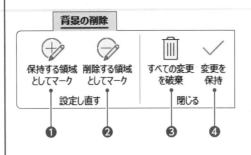

POINT 《背景の削除》タブ

(背景の削除)をクリックすると、リボンに《背景の削除》タブが表示され、リボンが切り替わります。
《背景の削除》タブでは、次のようなことができます。

❶ 保持する領域としてマーク
削除する範囲として認識された部分を、削除しないように手動で設定します。

❷ 削除する領域としてマーク
削除しない（保持する）範囲として認識された部分を、削除するように手動で設定します。

❸ 背景の削除を終了して、変更を破棄する
設定した内容を破棄して、背景の削除を終了します。

❹ 背景の削除を終了して、変更を保持する
設定した範囲を削除して、背景の削除を終了します。

2 画像のトリミング

画像の背景を削除すると削除した部分は透明になりますが、まだ画像の一部として認識されています。

削除した部分を画像から取り除きたい場合は、トリミングします。不要な部分をトリミングすると、画像のサイズを変更したり、移動したりするときに直感的に操作しやすくなります。

画像「担当者」をトリミングしましょう。

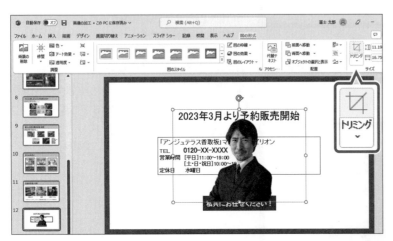

① 画像が選択されていることを確認します。
② 《図の形式》タブを選択します。
③ 《サイズ》グループの (トリミング)をクリックします。

画像の周囲に┏や━などが表示されます。

④図のように、画像の右上の⌐をドラッグします。

ドラッグ中、マウスポインターの形が╋に変わります。

⑤同様に、画像の左の▮をドラッグします。

⑥画像以外の場所をクリックします。

トリミングが確定します。

⑦図のように、画像をドラッグします。

画像が移動します。

※プレゼンテーションに「画像の加工完成」と名前を付けて、フォルダー「第1章」に保存し、閉じておきましょう。

練習問題

標準解答 ▶ P.1

あなたは、不動産屋に勤務しており、分譲マンションの販促用プレゼンテーションを作成することになりました。
完成図のようなスライドを作成しましょう。

 フォルダー「**第1章練習問題**」のプレゼンテーション「**第1章練習問題**」を開いておきましょう。
※自動保存がオンになっている場合は、オフにしておきましょう。

●完成図

6枚目

① スライド6に、フォルダー「**第1章練習問題**」の画像「**本**」を挿入し、画像の背景を削除しましょう。
　次に、完成図を参考に、画像のサイズと位置を調整しましょう。

② 画像「**本**」の色の彩度を「**彩度：33%**」に変更しましょう。

（HINT） 画像の色の彩度を変更するには、《図の形式》タブ→《調整》グループの（色）を使います。

③ 左側の画像の色のトーンを「**温度：8800K**」に変更しましょう。

④ 右側の画像の色を「**セピア**」に変更しましょう。

（HINT） 画像の色を変更するには、《図の形式》タブ→《調整》グループの（色）を使います。

完成図のようなスライドを作成しましょう。

●完成図

7枚目

⑤ スライド7に、フォルダー**「第1章練習問題」**の画像**「川」**を挿入しましょう。
次に、画像を左に90度回転し、完成図を参考に、画像のサイズと位置を調整しましょう。

完成図のようなスライドを作成しましょう。

●完成図

8枚目

⑥ スライド8に、フォルダー**「第1章練習問題」**の画像**「サクラ」**を挿入しましょう。
次に、挿入した画像を縦横比**「4:3」**でトリミングし、次のように書式を設定しましょう。
設定後、完成図を参考に、画像の位置を調整しましょう。

> サイズ：高さ 5.3cm　幅 7.07cm
> **最背面に配置**

HINT 画像を最背面に配置するには、《図の形式》タブ→《配置》グループの 背面へ移動 （背面へ移動）
を使います。

⑦ スライド8の4つの画像に、スタイル**「四角形、面取り」**を適用しましょう。

⑧ 4つの画像のスタイルを、次のようにカスタマイズしましょう。

> 影のスタイル　：オフセット：右下
> 影の透明度　　：70%
> 影のぼかし　　：10pt
> 影の距離　　　：10pt

⑨ 4つの画像にアート効果「**十字模様：エッチング**」を設定しましょう。

(**HINT**) 操作を繰り返す場合は、(F4)を使うと効率的です。

完成図のようなスライドを作成しましょう。

●**完成図**

⑩ スライド10のSmartArtグラフィック内の3つの画像に「**オレンジ、アクセント3**」の枠線を設定しましょう。
　次に、「**四角形：対角を切り取る**」でトリミングしましょう。

※プレゼンテーションに「第1章練習問題完成」と名前を付けて、フォルダー「第1章練習問題」に保存し、閉じておきましょう。

第2章

グラフィックの活用

第2章 | この章で学ぶこと

学習前に習得すべきポイントを理解しておき、
学習後には確実に習得できたかどうかを振り返りましょう。

■ スライドのサイズや向きを変更できる。　　　　　　　　→ P.42　☑ ☑ ☑

■ スライドのレイアウトを変更できる。　　　　　　　　　→ P.45　☑ ☑ ☑

■ テーマの配色やフォントを変更できる。　　　　　　　　→ P.46　☑ ☑ ☑

■ 画像を配置できる。　　　　　　　　　　　　　　　　　→ P.49　☑ ☑ ☑

■ グリッド線とガイドを設定できる。　　　　　　　　　　→ P.51　☑ ☑ ☑

■ 図形に枠線や塗りつぶし、回転などの書式を設定できる。　→ P.60　☑ ☑ ☑

■ 図形の表示順序を変更できる。　　　　　　　　　　　　→ P.64　☑ ☑ ☑

■ 図形をグループ化できる。　　　　　　　　　　　　　　→ P.66　☑ ☑ ☑

■ 図形を整列できる。　　　　　　　　　　　　　　　　　→ P.67　☑ ☑ ☑

■ 図形を結合できる。　　　　　　　　　　　　　　　　　→ P.73　☑ ☑ ☑

■ テキストボックスを作成し、書式を設定できる。　　　　→ P.76　☑ ☑ ☑

STEP 1 作成するちらしを確認する

1 作成するちらしの確認

次のようなちらしを作成しましょう。

図形の回転
表示順序の変更
グループ化

図形の整列

画像の配置

テキストボックスの作成
テキストボックスの書式設定

図形の結合

スライドのサイズの変更
スライドのレイアウトの変更
テーマの配色とフォントの変更

1 スライドのサイズの変更

「**スライドのサイズ**」を使うと、スライドの縦横比やサイズを変更できます。
通常のスライドを作成する場合は、スライドの縦横比をモニターの縦横比などに合わせて作成します。ちらしやポスター、はがきなどのように紙に出力して利用する場合は、スライドのサイズを実際の用紙サイズに合わせて変更する必要があります。
スライドのサイズを「**A4**」、スライドの向きを「**縦**」に設定しましょう。

» **PowerPointを起動し、新しいプレゼンテーションを作成しておきましょう。**

※お使いの環境によっては、《デザイナー》作業ウィンドウが表示されていることがあります。その場合は、 × （閉じる）をクリックして閉じておきましょう。

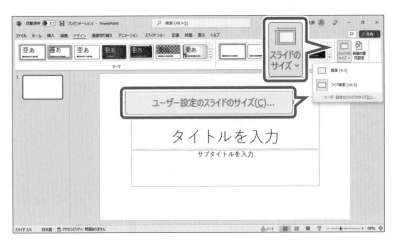

①《**デザイン**》タブを選択します。

②《**ユーザー設定**》グループの （スライドのサイズ）をクリックします。

③《**ユーザー設定のスライドのサイズ**》をクリックします。

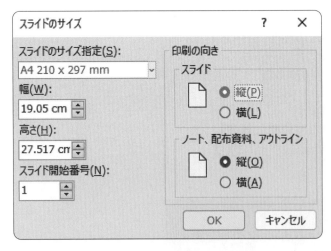

《**スライドのサイズ**》ダイアログボックスが表示されます。

④《**スライドのサイズ指定**》の をクリックします。

⑤《**A4**》をクリックします。

⑥《**スライド**》の《**縦**》を にします。

⑦《**OK**》をクリックします。

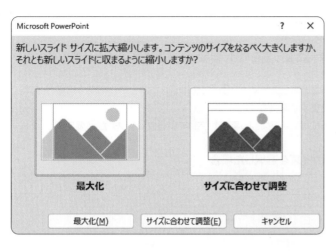

《Microsoft PowerPoint》ダイアログ
ボックスが表示されます。

⑧《最大化》をクリックします。

※現段階では、スライドに何も配置していないの
　で、《サイズに合わせて調整》を選択してもかま
　いません。

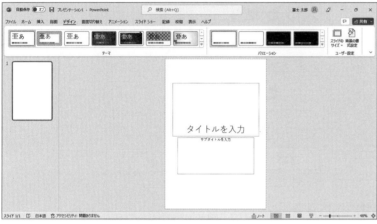

スライドのサイズと向きが変更されます。

POINT　スライドのサイズ変更時のオブジェクトのサイズ調整

画像や図形などのオブジェクトが挿入されているスライドのサイズを変更する場合は、オブジェクトのサイズの調整方法を選択します。
オブジェクトのサイズの調整方法は、次のとおりです。

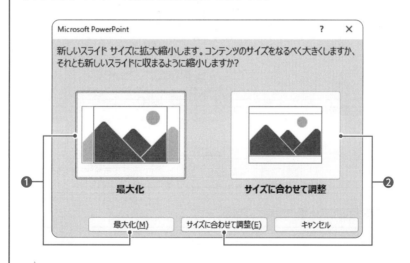

❶最大化
変更したスライドのサイズに合わせて、オブジェクトをできるだけ大きく配置します。オブジェクトがスライドのサイズよりも大きく表示される場合があります。

❷サイズに合わせて調整
変更したスライドのサイズに収まるように、オブジェクトを縮小して表示します。オブジェクト内に追加した文字が、収まらなくなる場合があります。

POINT　スライドのサイズ指定

ちらしやポスター、はがきなどを印刷して使う場合には、印刷する用紙サイズに合わせてスライドのサイズを変更します。

用紙の周囲ぎりぎりまで印刷したい場合は、スライドのサイズを指定したあとで、実際の用紙サイズに合わせて、スライドの《幅》と《高さ》を変更する必要があります。

※用紙の周囲ぎりぎりまで印刷するには、フチなし印刷に対応しているプリンターが必要です。

●《スライドのサイズ指定》で用紙サイズを選択した場合

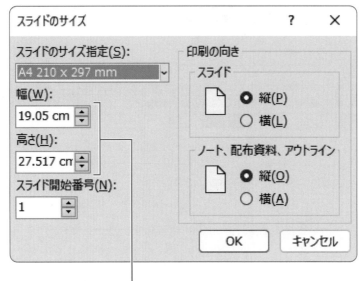

実際の用紙サイズよりやや小さくなる

●実際のA4の用紙サイズに合わせて《幅》と《高さ》を手動で設定した場合

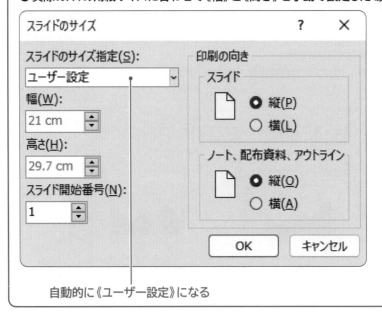

自動的に《ユーザー設定》になる

2 スライドのレイアウトの変更

新しいプレゼンテーションを作成すると、プレゼンテーションのタイトルを入力するための「**タイトルスライド**」が表示されます。

スライドには「**タイトルとコンテンツ**」や「**2つのコンテンツ**」といった様々なレイアウトが用意されており、レイアウトを選択するだけで、簡単にスライドのレイアウトを変更できます。

スライドのレイアウトを「**タイトルスライド**」から「**白紙**」に変更しましょう。

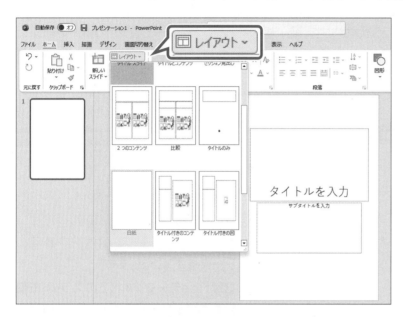

①《**ホーム**》タブを選択します。

②《**スライド**》グループの （スライドのレイアウト）をクリックします。

③《**白紙**》をクリックします。

※一覧に表示されていない場合は、スクロールして調整します。

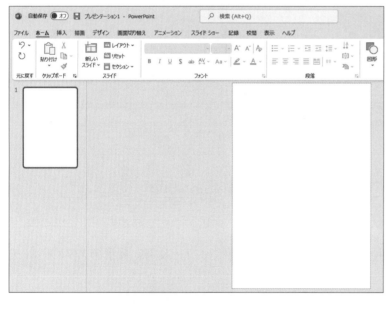

スライドのレイアウトが白紙に変更されます。

STEP UP その他の方法（スライドのレイアウトの変更）

◆スライドを右クリック→《レイアウト》

STEP 3 スライドのテーマをアレンジする

1 テーマの適用

PowerPointでは、見栄えのするテーマが数多く用意されています。各テーマには、配色やフォント、効果などが登録されています。テーマを適用すると、そのテーマの色の組み合わせやフォント、図形のデザインなどが設定され、統一感のあるプレゼンテーションを作成できます。スライド枚数の多いプレゼンテーションを作成する場合はもちろん、ちらしやポスター、はがきなど1枚だけのアウトプットを作成する場合にも、統一感のある仕上がりにするために、テーマを適用しておくとよいでしょう。

1 現在のテーマの確認

プレゼンテーションのテーマは、初期の設定で「Officeテーマ」が適用されています。
プレゼンテーションのテーマが「Officeテーマ」になっていることを確認しましょう。

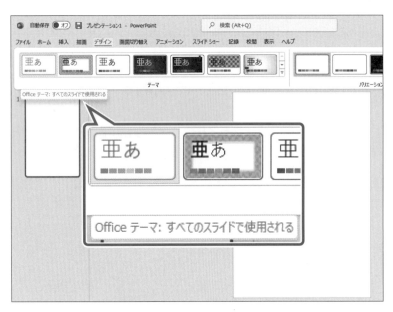

①《デザイン》タブを選択します。

②《テーマ》グループの左から1番目のテーマをポイントします。

③《Officeテーマ：すべてのスライドで使用される》と表示されることを確認します。

※現在適用されているテーマが、枠で囲まれています。

2 配色とフォントの変更

プレゼンテーションに適用されているテーマの配色やフォント、効果、背景のスタイルは、それぞれ変更できます。
テーマの配色とフォントを、次のように変更しましょう。

| テーマの配色 ：紫Ⅱ |
| テーマのフォント：Arial　MSPゴシック　MSPゴシック |

①《デザイン》タブを選択します。

②《バリエーション》グループの ▽ (その他) をクリックします。

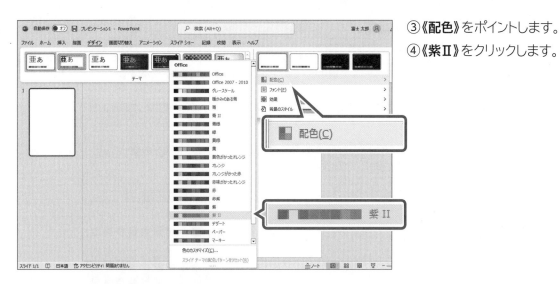

③《**配色**》をポイントします。
④《**紫Ⅱ**》をクリックします。

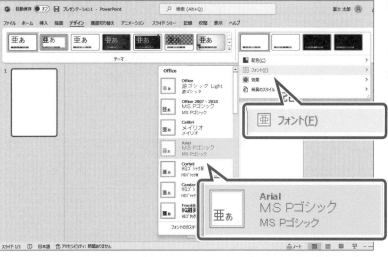

⑤《**バリエーション**》グループの▽(その他)をクリックします。

⑥《**フォント**》をポイントします。

⑦《**Arial　MSPゴシック　MSPゴシック**》をクリックします。

テーマの配色とフォントが変更されます。

※現段階では、スライドに何も入力していないので、適用結果がスライドで確認できません。変更した配色とフォントは、P.55「STEP6 図形を作成する」以降で確認できます。

STEP UP テーマの構成

テーマは、配色・フォント・効果で構成されています。テーマを適用すると、リボンのボタンの配色・フォント・効果の一覧が変更されます。最初にテーマを適用し、そのテーマの配色・フォント・効果を使うと、すべてのスライドを統一したデザインにできます。
テーマ「Officeテーマ」が設定されている場合のリボンのボタンに表示される内容は、次のとおりです。

●配色

《ホーム》タブの A （フォントの色）や《図形の書式》タブの 図形の塗りつぶし （図形の塗りつぶし）などの一覧に表示される色は、テーマの配色に対応しています。

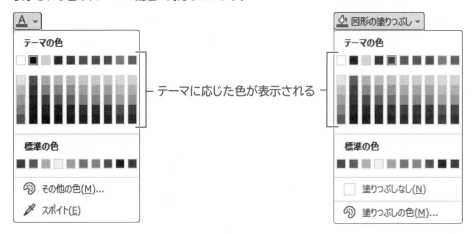

●フォント

《ホーム》タブの MS Pゴシック 見出し （フォント）をクリックすると、一番上に表示されるフォントは、テーマのフォントに対応しています。

●効果

図形やSmartArtグラフィック、テキストボックスなどのオブジェクトを選択したときに表示される《SmartArtのデザイン》タブや《図形の書式》タブのスタイルの一覧は、テーマの効果に対応しています。

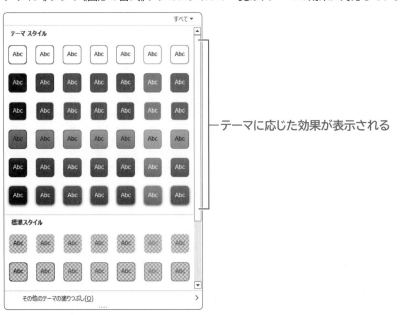

STEP 4 画像を配置する

1 画像の配置

ちらしやポスター、はがきなどを作成する場合は特に、イメージに合った画像を挿入することで、インパクトのあるアウトプットに仕上げることができます。
フォルダー**「第2章」**の画像**「写真撮影」**を挿入しましょう。

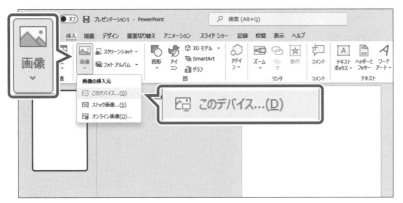

①《挿入》タブを選択します。
②《画像》グループの (画像を挿入します)をクリックします。
③《このデバイス》をクリックします。

《図の挿入》ダイアログボックスが表示されます。
画像が保存されている場所を選択します。
④左側の一覧から《ドキュメント》を選択します。
⑤右側の一覧から「PowerPoint2021応用」を選択します。
⑥《開く》をクリックします。

⑦「第2章」を選択します。
⑧《開く》をクリックします。
挿入する画像を選択します。
⑨「写真撮影」を選択します。
⑩《挿入》をクリックします。

画像が挿入されます。

リボンに《図の形式》タブが表示されます。

※お使いの環境によっては、《デザイナー》作業ウィンドウが表示されることがあります。その場合は、×（閉じる）をクリックして閉じておきましょう。

⑪図のように画像を上方向にドラッグします。

※中央と左右、上側にスマートガイドが表示される状態でドラッグを終了します。

画像が移動します。

Let's Try ためしてみよう

画像の下側を、次のようにトリミングしましょう。

①画像を選択

②《図の形式》タブを選択

③《サイズ》グループの ⛶ （トリミング）をクリック

④下側の ━ を上方向にドラッグして、トリミングの範囲を変更

⑤画像以外の場所をクリック

STEP 5 グリッド線とガイドを表示する

1 グリッド線とガイド

テキストボックスや画像、図形などのオブジェクトを同じ高さにそろえて配置したり、同じサイズで作成したりする場合は、スライド上に**「グリッド線」**と**「ガイド」**を表示すると作業がしやすくなります。

スライド上に等間隔で表示される点を**「グリッド」**、その集まりを**「グリッド線」**といいます。グリッドの間隔は変更できます。

スライドを水平方向や垂直方向に分割する線を**「ガイド」**といいます。ガイドはドラッグして移動できます。

グリッド線もガイドも画面上に表示されるだけで印刷はされません。

グリッド線やガイドを表示してそのラインに沿って配置すると、見た目にも美しく、整然とした印象のアウトプットに仕上げることができます。

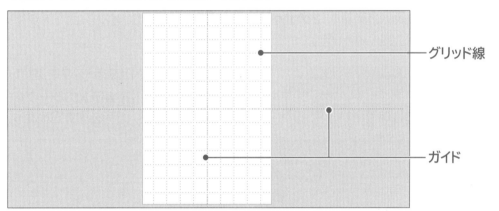

グリッド線

ガイド

2 グリッド線とガイドの表示

スライドにグリッド線とガイドを表示しましょう。

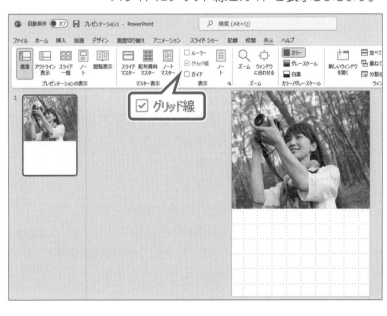

①《表示》タブを選択します。
②《表示》グループの《グリッド線》を☑にします。
グリッド線が表示されます。

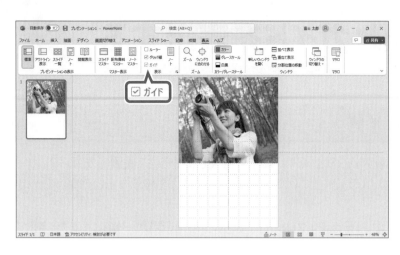

③《表示》グループの《ガイド》を☑にします。

ガイドが表示されます。

> **POINT** **グリッド線とガイドの非表示**
>
> グリッド線やガイドを非表示にする方法は、次のとおりです。
>
> ◆《表示》タブ→《表示》グループの《□グリッド線》/《□ガイド》

3 グリッドの間隔とオブジェクトの配置

グリッドの間隔を変更したり、オブジェクトの配置をグリッド線に合わせるかどうかを設定したりできます。グリッドの間隔は、約0.1cmから5cmの間で設定できます。

グリッドの間隔を「2グリッド/cm（0.5cm）」に設定し、オブジェクトをグリッド線に合わせるように設定しましょう。

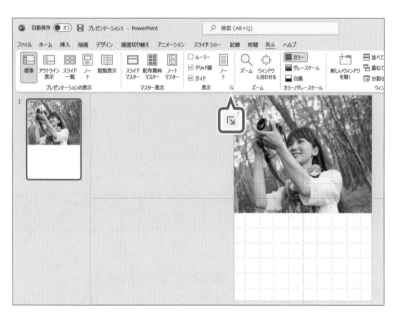

①《表示》タブを選択します。

②《表示》グループの 🖪 (グリッドの設定) をクリックします。

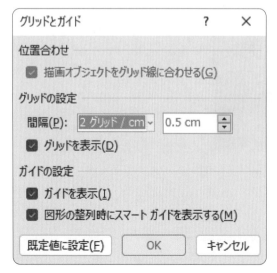

《グリッドとガイド》ダイアログボックスが表示されます。

③《描画オブジェクトをグリッド線に合わせる》を☑にします。

④《間隔》の左側のボックスの▼をクリックします。

⑤《2グリッド/cm》をクリックします。

⑥《間隔》の右側のボックスが「0.5cm」になっていることを確認します。

⑦《OK》をクリックします。

第2章　グラフィックの活用

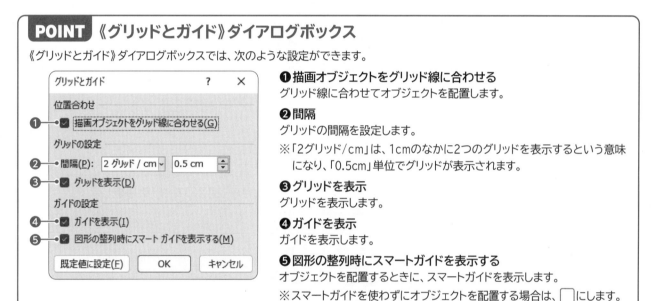

グリッドの設定が変更されます。

STEP UP グリッドの間隔が正しく表示されない場合

画面の表示倍率（ズーム）の状態によっては、グリッドの間隔が正しく表示されない場合があります。その場合は、表示倍率を上げる（拡大する）と正しく表示されます。

POINT 《グリッドとガイド》ダイアログボックス

《グリッドとガイド》ダイアログボックスでは、次のような設定ができます。

❶描画オブジェクトをグリッド線に合わせる
グリッド線に合わせてオブジェクトを配置します。

❷間隔
グリッドの間隔を設定します。
※「2グリッド/cm」は、1cmのなかに2つのグリッドを表示するという意味になり、「0.5cm」単位でグリッドが表示されます。

❸グリッドを表示
グリッドを表示します。

❹ガイドを表示
ガイドを表示します。

❺図形の整列時にスマートガイドを表示する
オブジェクトを配置するときに、スマートガイドを表示します。
※スマートガイドを使わずにオブジェクトを配置する場合は、□にします。

4 ガイドの移動

スライドに配置するオブジェクトに合わせて、ガイドの位置を調整するとよいでしょう。ガイドはドラッグで移動できます。ガイドをドラッグすると、中心からの距離が表示されます。
水平方向のガイドを中心から上に「**13.00**」の位置に移動しましょう。

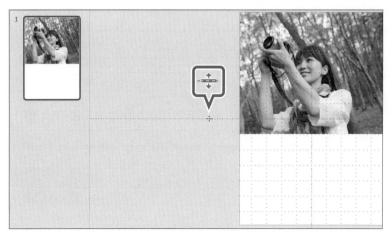

①水平方向のガイドをポイントします。
マウスポインターの形が ÷ に変わります。

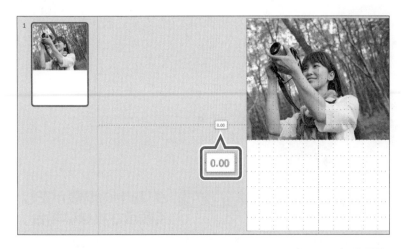

②マウスのボタンを押したままにします。
マウスのボタンを押したままにしている
間、中心からの距離が表示されます。

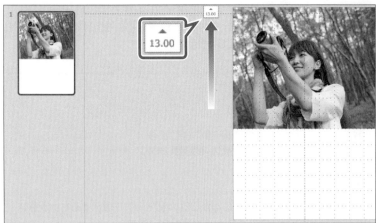

③図のように、中心からの距離が「**13.00**」
　の位置までドラッグします。

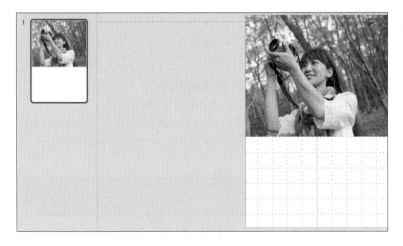

水平方向のガイドが移動します。

POINT　ガイドのコピー

ガイドをコピーして複数表示できます。ガイドをコピーする場合は、 Ctrl を押しながらドラッグします。

POINT　ガイドの削除

コピーしたガイドを削除する場合は、ガイドをスライドの外にドラッグします。
水平方向のガイドはスライドの上側または下側、垂直方向のガイドはスライドの左側または右側にドラッグ
します。

STEP 6 図形を作成する

1 図形を利用したタイトルの作成

次のように、図形内にひと文字ずつ入力してちらしのタイトルを作成します。

2 図形の作成

ガイドに合わせて正方形を作成しましょう。
表示倍率を変更して、グリッド線とガイドを見やすくしてから操作します。

1 表示倍率の変更

画面の表示倍率を「100%」に変更しましょう。

①ステータスバーの 48% をクリックします。

※お使いの環境によっては、表示されている数値が異なる場合があります。

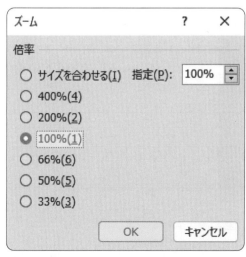

《ズーム》ダイアログボックスが表示されます。

②《倍率》の《100%》を ● にします。

③《OK》をクリックします。

画面の表示倍率が変更されます。

※スクロールして、スライドの上側を表示しておき
　ましょう。

STEP UP その他の方法（表示倍率の変更）

◆《表示》タブ→《ズーム》グループの □(ズーム)

2 正方形の作成

水平方向のガイドに合わせて正方形を作成しましょう。正方形を作成する場合は、Shift
を押しながらドラッグします。

①《挿入》タブを選択します。
②《図》グループの (図形)をクリックし
　ます。
③《四角形》の □(正方形/長方形)をク
　リックします。

④Shiftを押しながら、図のようにド
　ラッグします。

正方形が作成されます。
※図形にはスタイルが適用されています。
リボンに《**図形の書式**》タブが表示されます。

3 図形への文字の追加

作成した図形に文字を追加できます。
図形に「**写**」と文字を追加しましょう。

①図形が選択されていることを確認します。
②「**写**」と入力します。

③図形以外の場所をクリックします。
図形に入力した文字が確定されます。

Let's Try ためしてみよう
図形の文字のフォントサイズを「48」ポイントに変更しましょう。

Let's Try Answer

①図形を選択
②《ホーム》タブを選択
③《フォント》グループの 18 ▾（フォントサイズ）の ▾ をクリック
④《48》をクリック

3　図形のコピーと文字の修正

同じサイズの図形を複数作成する場合は、最初に作成した図形をコピーすると効率よく作業できます。
図形をコピーして、文字を修正しましょう。

1 図形のコピー

図形をコピーしましょう。

①図形を選択します。
② Ctrl を押しながら、図のようにドラッグします。
※水平方向のガイドに合わせてドラッグします。

図形がコピーされます。

2 文字の修正

コピーした図形内の文字を「**真**」に修正しましょう。

①コピーした図形が選択されていることを確認します。
②「**写**」を選択します。
③ Delete を押します。

④「真」と入力します。

⑤図形以外の場所をクリックします。
図形に入力した文字が確定されます。

Let's Try

ためしてみよう

次のように図形をコピーして、文字を修正しましょう。

Let's Try Answer

①「真」の図形を選択
②[Ctrl]を押しながら、右側にドラッグしてコピー
③「真」を「コ」に修正
④同様に、図形をコピーして、文字をそれぞれ「ン」「テ」「ス」「ト」に修正

図形に書式を設定する

1 図形の枠線

「写」の図形の枠線の色と太さを、次のように変更しましょう。

> 枠線の色 ：白、背景1、黒+基本色50%
> 枠線の太さ：1.5pt

①「写」の図形を選択します。

②《図形の書式》タブを選択します。

③《図形のスタイル》グループの 図形の枠線 〜 （図形の枠線）をクリックします。

④《テーマの色》の《白、背景1、黒+基本色50%》をクリックします。

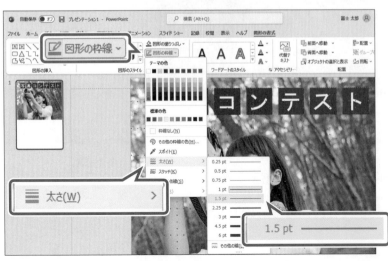

⑤《図形のスタイル》グループの 図形の枠線 〜 （図形の枠線）をクリックします。

⑥《太さ》をポイントします。

⑦《1.5pt》をクリックします。

図形の枠線の色と太さが変更されます。

※図形以外の場所をクリックして、選択を解除しておきましょう。

Let's Try ためしてみよう

「写」の図形に設定した枠線の色と太さを、「真」「コ」「ン」「テ」「ス」「ト」の図形にそれぞれコピーしましょう。

Let's Try Answer

①「写」の図形を選択

②《ホーム》タブを選択

③《クリップボード》グループの 🖌 （書式のコピー/貼り付け）をダブルクリック

④「真」の図形をクリック

⑤同様に、「コ」「ン」「テ」「ス」「ト」の図形をクリック

⑥ [Esc] を押す

2 図形の塗りつぶし

「真」の図形の塗りつぶしの色を「**青、アクセント5、黒+基本色25%**」に変更しましょう。

①「**真**」の図形を選択します。

②《**図形の書式**》タブを選択します。

③《**図形のスタイル**》グループの 図形の塗りつぶし ▾ （図形の塗りつぶし）をクリックします。

④《**テーマの色**》の《**青、アクセント5、黒+基本色25%**》をクリックします。

図形の塗りつぶしの色が変更されます。

Let's Try

ためしてみよう

「テ」の図形の塗りつぶしの色を「青、アクセント6」に変更しましょう。

Answer Let's Try

①「テ」の図形を選択

②《図形の書式》タブを選択

③《図形のスタイル》グループの [図形の塗りつぶし ∨] (図形の塗りつぶし) をクリック

④《テーマの色》の《青、アクセント6》(左から10番目、上から1番目) をクリック

POINT スポイトを使った色の指定

「スポイト」を使うと、スライド上にあるほかの図形や画像などの色を簡単にコピーできます。色名がわからなくても図形や画像の使いたい色の部分をクリックするだけでその色を設定できるので、わざわざリボンから色を選択する必要がなく、直感的に操作できます。ほかの図形や画像などと色を合わせたいときなどに便利な機能です。

スポイトは、文字やワードアート、図形、グラフなど、色を設定できるオブジェクトで使えます。

スポイトを使って別のオブジェクトに色を設定する方法は、次のとおりです。

◆色を設定したいオブジェクトを選択→《図形の書式》タブ→《図形のスタイル》グループの [図形の塗りつぶし ∨]
(図形の塗りつぶし) →《スポイト》→マウスポインターの形が 🖋 に変わったら、ほかのオブジェクトの色をクリック

3 図形の回転

作成した図形は自由に回転できます。その際、図形内の文字も一緒に回転されます。
「真」の図形と「ト」の図形を回転しましょう。

①「真」の図形を選択します。
②図形の上側に表示される ⟳ をポイントします。

マウスポインターの形が ⟳ に変わります。

③図のように、ドラッグします。

ドラッグ中、マウスポインターの形が ⟳ に変わります。

図形が回転されます。

④同様に、「ト」の図形を図のように、回転します。

図形が回転されます。

※図形以外の場所をクリックして、選択を解除しておきましょう。

STEP UP 角度を指定した図形の回転

角度を指定して図形を回転することもできます。
角度を指定して図形を回転する方法は、次のとおりです。

◆ 図形を選択→《図形の書式》タブ→《配置》グループの 回転▼ (オブジェクトの回転) →《その他の回転オプション》→《図形のオプション》→ (サイズとプロパティ) →《サイズ》→《回転》で角度を設定

STEP 8 オブジェクトの配置を調整する

1 図形の表示順序

複数の図形を重ねて作成すると、あとから作成した図形が前面に表示されます。
図形の重なりの順序は自由に変更することができます。

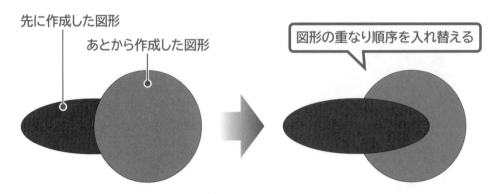

先に作成した図形
あとから作成した図形
図形の重なり順序を入れ替える

「**真**」の図形の前面に正方形を作成し、表示順序を変更しましょう。

①《**挿入**》タブを選択します。
②《**図**》グループの（図形）をクリックします。
③《**四角形**》の（正方形/長方形）をクリックします。

④ Shift を押しながら、図のようにドラッグします。

「**真**」の図形の前面に正方形が作成されます。

表示順序を変更します。

⑤「**真**」の図形を選択します。

⑥《**図形の書式**》タブを選択します。

⑦《**配置**》グループの 前面へ移動 ▾ (前面へ移動) の ▾ をクリックします。

⑧《**最前面へ移動**》をクリックします。

図形の表示順序が変更されます。

et's Try ためしてみよう

写真コンテスト

次のようにスライドを編集しましょう。
①「ト」の図形の背面に正方形を作成しましょう。正方形の塗りつぶしの色は「青、アクセント5、黒＋基本色25%」にします。
②「写」の図形に設定した枠線の色と太さを、「真」の図形の背面にある図形にコピーしましょう。
③「真」の図形に設定した枠線の色と太さを、「ト」の図形の背面にある図形にコピーしましょう。

Let's Try Answer

①
①《挿入》タブを選択
②《図》グループの (図形) をクリック
③《四角形》の □ (正方形/長方形) をクリック
④ Shift を押しながら、始点から終点までドラッグして、正方形を作成
⑤あとから作成した図形が選択されていることを確認
⑥《図形の書式》タブを選択
⑦《図形のスタイル》グループの 図形の塗りつぶし ▾ (図形の塗りつぶし) をクリック
⑧《テーマの色》の《青、アクセント5、黒＋基本色25%》(左から9番目、上から5番目) をクリック
⑨「ト」の図形を選択
⑩《配置》グループの 前面へ移動 ▾ (前面へ移動) の ▾ をクリック
⑪《最前面へ移動》をクリック

②
①「写」の図形を選択
②《ホーム》タブを選択
③《クリップボード》グループの (書式のコピー/貼り付け) をクリック
④「真」の図形の背面にある図形をクリック

③
①「真」の図形を選択
②《ホーム》タブを選択
③《クリップボード》グループの (書式のコピー/貼り付け) をクリック
④「ト」の図形の背面にある図形をクリック

2 図形のグループ化

「**グループ化**」とは、複数の図形を1つの図形として扱えるようにまとめることです。グループ化すると、複数の図形の位置関係（重なり具合や間隔など）を保持したまま移動したり、サイズを変更したりできます。
「**真**」の図形とその背面の図形をグループ化しましょう。

①「**真**」の図形を選択します。
②[Shift]を押しながら、背面の図形を選択します。

※どちらを先に選択してもかまいません。

③《**図形の書式**》タブを選択します。
④《**配置**》グループの [グループ化 ～]（オブジェクトのグループ化）をクリックします。
⑤《**グループ化**》をクリックします。

2つの図形がグループ化されます。

STEP UP その他の方法
（グループ化）

◆ グループ化する図形をすべて選択→選択した図形を右クリック→《グループ化》→《グループ化》

POINT グループ化の解除

グループ化した図形を解除する方法は、次のとおりです。
◆ グループ化した図形を選択→《図形の書式》タブ→《配置》グループの [グループ化 ～]（オブジェクトのグループ化）→《グループ解除》

「ト」の図形とその背面の図形をグループ化しましょう。

①「ト」の図形を選択
②[Shift]を押しながら、背面の図形を選択
※どちらを先に選択してもかまいません。
③《図形の書式》タブを選択
④《配置》グループの[グループ化▼](オブジェクトのグループ化)をクリック
⑤《グループ化》をクリック

3 図形の整列

複数の図形を並べて配置する場合は、間隔を均等にしたり、図形の上側や中心をそろえて
整列したりすると、整った印象を与えます。

●左右中央揃え

左端の図形と右端の図形の中心となる位置に、それぞれの図形の中心をそろえて配置します。

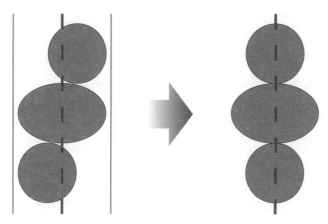

●下揃え

複数の図形の下側の位置をそろえて配置します。

●左右に整列

左右の両端のオブジェクト内で、左右の間隔をそろえて配置します。左右に整列する前に、
両端のオブジェクトの位置を決めておきます。

4 配置の調整

「写」から「ト」までの7つの図形を等間隔で配置しましょう。

1 両端の図形の移動

「写」と「ト」の図形の位置を調整しましょう。

①「写」の図形を選択します。
②図の位置にドラッグして移動します。
ドラッグ中、マウスポインターの形が ✛
に変わります。

図形が移動します。
③「ト」の図形を選択します。
※グループ化した背面の図形も一緒に選択され
　ていることを確認しましょう。
④図の位置にドラッグして移動します。
ドラッグ中、マウスポインターの形が ✛
に変わります。

図形が移動します。

POINT オブジェクトを自由な位置に配置する

オブジェクトをグリッド線やガイド、スマートガイドに合わせずに、自由な位置に配置したい場合は、[Alt]を押しながらドラッグします。

[Alt]を押しながらドラッグすると

自由な位置に配置できる

2 左右に整列

「**写**」から「**ト**」までの7つの図形を左右に整列しましょう。

①「**ト**」の図形が選択されていることを確認します。
②[Shift]を押しながら、その他の図形をすべて選択します。

③《図形の書式》タブを選択します。
④《配置》グループの [配置 ▾] (オブジェクトの配置) をクリックします。
⑤《左右に整列》をクリックします。

7つの図形が左右均等に整列されます。

※図形以外の場所をクリックして、選択を解除しておきましょう。

69

図形を組み合わせてオブジェクトを作成する

1　図形を組み合わせたオブジェクトの作成

次のように、「正方形/長方形」「四角形：上の2つの角を切り取る」「円：塗りつぶしなし」の図形を組み合わせて、カメラのイラストを作成します。

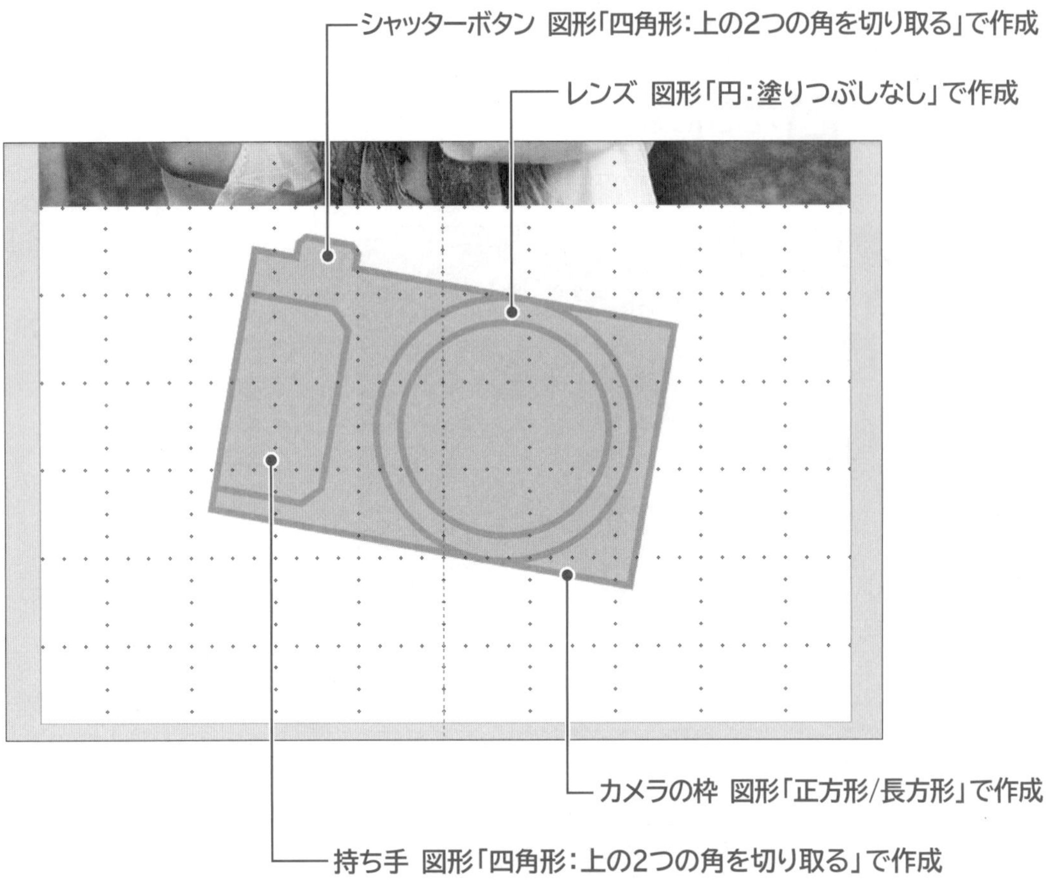

シャッターボタン　図形「四角形：上の2つの角を切り取る」で作成

レンズ　図形「円：塗りつぶしなし」で作成

カメラの枠　図形「正方形/長方形」で作成

持ち手　図形「四角形：上の2つの角を切り取る」で作成

2 図形の作成

カメラの枠となる長方形を作成しましょう。

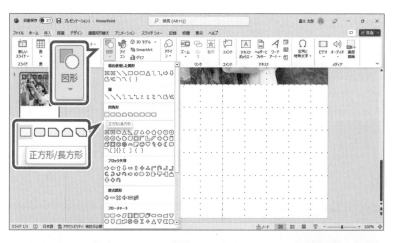

①カメラのイラストを作成する位置を表示します。

②《挿入》タブを選択します。

③《図》グループの （図形）をクリックします。

④《四角形》の □ （正方形/長方形）をクリックします。

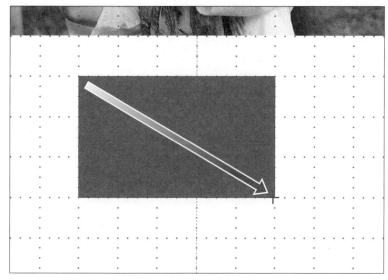

⑤図のようにドラッグします。

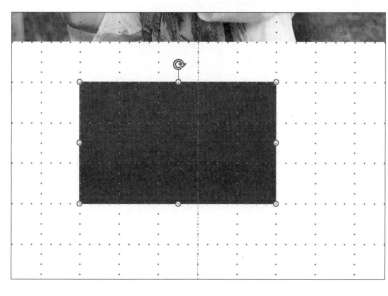

カメラの枠が作成されます。

Let's Try　ためしてみよう

完成図を参考に、次のように図形を作成しましょう。

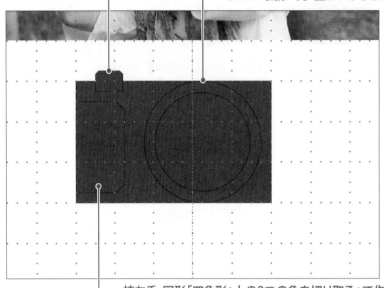

シャッターボタン　図形「四角形：上の2つの角を切り取る」で作成

レンズ　図形「円：塗りつぶしなし」で作成

持ち手　図形「四角形：上の2つの角を切り取る」で作成

①カメラのシャッターボタンを作成しましょう。

②シャッターボタンの図形をコピーして、カメラの持ち手を作成しましょう。持ち手は回転して配置します。

③カメラのレンズを作成しましょう。レンズは真円で作成し、レンズ枠は細くします。

Answer Let's Try

①

①《挿入》タブを選択

②《図》グループの（図形）をクリック

③《四角形》の（四角形：上の2つの角を切り取る）（左から4番目）をクリック

④始点から終点までドラッグして、シャッターボタンを作成

⑤シャッターボタンをドラッグして位置を調整

②

①シャッターボタンを選択

② Ctrl を押しながら、下側にドラッグしてコピー

③《図形の書式》タブを選択

④《配置》グループの 回転 （オブジェクトの回転）をクリック

⑤《右へ90度回転》をクリック

⑥持ち手をドラッグして移動

⑦持ち手の○（ハンドル）をドラッグしてサイズ変更

③

①《挿入》タブを選択

②《図》グループの（図形）をクリック

③《基本図形》の（円：塗りつぶしなし）（左から3番目、上から3番目）をクリック

④ Shift を押しながら、始点から終点までドラッグして、レンズを作成

⑤黄色の○（ハンドル）を左側にドラッグして、レンズ枠の太さを調整

3 図形の結合

「**図形の結合**」を使うと、図形と図形をつなぎ合わせたり、図形と図形が重なりあった部分だけを抽出したりして、新しい図形を作成できます。

● 接合
図形と図形をつなぎ合わせて、1つの図形に結合します。

● 型抜き/合成
図形と図形をつなぎ合わせて1つの図形にし、重なりあった部分を型抜きします。

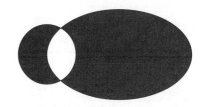

● 切り出し
図形と図形を重ね合わせたときに、重なりあった部分を別々の図形にします。

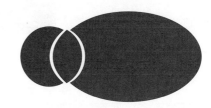

● 重なり抽出
図形と図形を重ね合わせたときに、重なりあった部分を図形として取り出します。

● 単純型抜き
図形と図形を重ね合わせたときに、重なりあった部分を型抜きします。型抜きしたときに残る図形は先に選択した図形です。

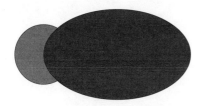

カメラの枠（正方形/長方形）とシャッターボタン（四角形：上の2つの角を切り取る）を結合して、カメラの外枠を作成しましょう。

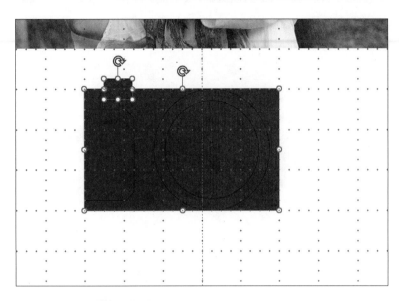

①カメラの枠を選択します。
②[Shift] を押しながら、シャッターボタンを選択します。

※どちらを先に選択してもかまいません。

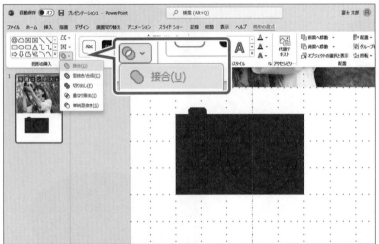

③《図形の書式》タブを選択します。
④《図形の挿入》グループの [◉▾]（図形の結合）をクリックします。
⑤《接合》をクリックします。

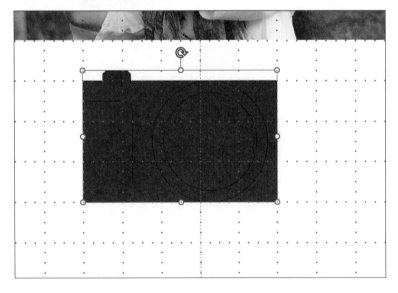

2つの図形が結合され、カメラの外枠が作成されます。

Let's Try ためしてみよう

次のように図形を編集しましょう。

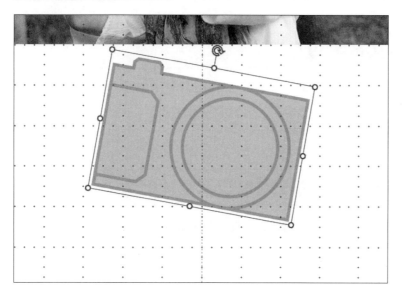

①カメラの外枠と持ち手、レンズをグループ化しましょう。
②①でグループ化したカメラのイラストの塗りつぶしの色を「紫、アクセント2、白+基本色80%」に設定しましょう。
③カメラのイラストの枠線の色を「紫、アクセント2、白+基本色60%」、枠線の太さを「4.5pt」に設定しましょう。
④完成図を参考に、カメラのイラストを回転して、位置を調整しましょう。

Answer Let's Try

①

①カメラの外枠を選択
②[Shift]を押しながら、持ち手とレンズを選択
※どれを先に選択してもかまいません。
③《図形の書式》タブを選択
④《配置》グループの[グループ化 ～](オブジェクトのグループ化)をクリック
⑤《グループ化》をクリック

②

①グループ化したカメラのイラストを選択
②《図形の書式》タブを選択
③《図形のスタイル》グループの[図形の塗りつぶし ～](図形の塗りつぶし)をクリック
④《テーマの色》の《紫、アクセント2、白+基本色80%》(左から6番目、上から2番目)をクリック

③

①カメラのイラストを選択
②《図形の書式》タブを選択
③《図形のスタイル》グループの[図形の枠線 ～](図形の枠線)をクリック
④《テーマの色》の《紫、アクセント2、白+基本色60%》(左から6番目、上から3番目)をクリック
⑤《図形のスタイル》グループの[図形の枠線 ～](図形の枠線)をクリック
⑥《太さ》をポイント
⑦《4.5pt》をクリック

④

①カメラのイラストを選択
②🔄 をドラッグして回転
③カメラのイラストをドラッグして移動

1 テキストボックス

「**テキストボックス**」を使うと、スライド上の自由な位置に文字を配置できます。テキストボックスには、縦書きと横書きの2つの種類があります。

2 横書きテキストボックスの作成

横書きテキストボックスを作成し、「**Let's Enjoy a CAMERA!**」と入力しましょう。
横書きテキストボックスは、スライドの幅に合わせてサイズを変更します。

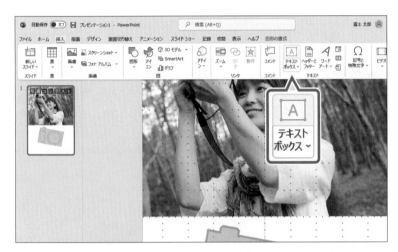

①テキストボックスを作成する位置を表示します。
②《**挿入**》タブを選択します。
③《**テキスト**》グループの A （横書きテキストボックスの描画）をクリックします。

マウスポインターの形が ↓ に変わります。
④図の位置をクリックします。

横書きテキストボックスが作成されます。
リボンに《**図形の書式**》タブが表示されます。

⑤「Let's Enjoy a CAMERA!」と入力します。

※半角で入力します。

⑥テキストボックスを選択します。

⑦図のように、左中央の○（ハンドル）をドラッグしてサイズを変更します。

⑧同様に、右中央の○（ハンドル）をドラッグしてサイズを変更します。

テキストボックスのサイズが変更されます。

STEP UP 縦書きテキストボックスの作成

縦書きテキストボックスを作成する方法は、次のとおりです。

◆《挿入》タブ→《テキスト》グループの [A][テキストボックス] （横書きテキストボックスの描画）の [テキストボックス▾] →《縦書きテキストボックス》

※縦書きテキストボックスを作成すると、[A]（横書きテキストボックスの描画）は、[>]（縦書きテキストボックスの描画）に表示が切り替わります。

Let's Try ためしてみよう

次のようにテキストボックスを作成しましょう。

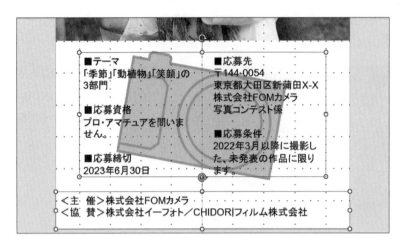

① 横書きテキストボックスを作成して、次のように入力しましょう。

■テーマ [Enter]
「季節」「動植物」「笑顔」の3部門 [Enter]
[Enter]
■応募資格 [Enter]
プロ・アマチュアを問いません。 [Enter]
[Enter]
■応募締切 [Enter]
2023年6月30日 [Enter]
[Enter]
■応募先 [Enter]
〒144-0054 [Enter]
東京都大田区新蒲田X-X [Enter]
株式会社FOMカメラ [Enter]
写真コンテスト係 [Enter]
[Enter]
■応募条件 [Enter]
2022年3月以降に撮影した、未発表の作品に限ります。

※英数字と「-（ハイフン）」は半角で入力します。
※「■」は「しかく」と入力して変換します。
※「〒」は「ゆうびん」と入力して変換します。

②①で作成したテキストボックスを2段組みにし、段の間隔を「1.5cm」に設定しましょう。次に、テキストボックスのサイズを調整しましょう。テキストボックスのサイズは、《自動調整なし》に設定してから調整します。

●テキストボックスを2段組みにするには、《ホーム》タブ→《段落》グループの （段の追加または削除）を使います。

●テキストボックスのサイズを《自動調整なし》に設定するには、《図形の書式設定》作業ウィンドウの《図形のオプション》→ （サイズとプロパティ）→《テキストボックス》を使います。

③横書きテキストボックスを作成し、次のように入力しましょう。

> ＜主□催＞株式会社FOMカメラ Enter
> ＜協□賛＞株式会社イーフォト／CHIDORIフィルム株式会社

※□は全角空白を表します。
※英字は半角で入力します。

④③で作成したテキストボックスのサイズを調整しましょう。テキストボックスのサイズは、《自動調整なし》に設定してから調整します。

Let's Try
Answer

①
①《挿入》タブを選択
②《テキスト》グループの A （横書きテキストボックスの描画）をクリック
③始点でクリック
④文字を入力

②
①テキストボックスを選択
②《ホーム》タブを選択
③《段落》グループの （段の追加または削除）をクリック
④《段組みの詳細設定》をクリック
⑤《数》を「2」に設定
⑥《間隔》を「1.5cm」に設定
⑦《OK》をクリック
⑧テキストボックスを右クリック
⑨《図形の書式設定》をクリック
⑩《図形のオプション》をクリック
⑪ （サイズとプロパティ）をクリック
⑫《テキストボックス》をクリックして、詳細を表示
※《テキストボックス》の詳細が表示されている場合は、⑬に進みます。
⑬《自動調整なし》を ⦿ にする
⑭《図形の書式設定》作業ウィンドウの × （閉じる）をクリック
⑮テキストボックスの○（ハンドル）をドラッグしてサイズ変更

③
①《挿入》タブを選択
②《テキスト》グループの A （横書きテキストボックスの描画）をクリック
③始点でクリック
④文字を入力

④
①テキストボックスを右クリック
②《図形の書式設定》をクリック
③《図形のオプション》をクリック
④ （サイズとプロパティ）をクリック
⑤《テキストボックス》の詳細が表示されていることを確認
⑥《自動調整なし》を ⦿ にする
⑦《図形の書式設定》作業ウィンドウの × （閉じる）をクリック
⑧テキストボックスの○（ハンドル）をドラッグしてサイズ変更

3　テキストボックスの書式設定

テキストボックスやテキストボックスに入力された文字の書式を設定できます。
テキストボックス全体を選択して操作を行うと、テキストボックスや入力されているすべての
文字に対して書式が設定されます。また、テキストボックス内の一部の文字を選択して操作
を行うと、選択された文字だけに書式が設定されます。

1　テキストボックス全体の書式設定

「Let's Enjoy a CAMERA!」のテキストボックス内のすべての文字に、次のように書式を設
定しましょう。

```
フォント　　　　：Arial Black
フォントサイズ：40ポイント
フォントの色　：青、アクセント5、黒+基本色25%
中央揃え
```

①テキストボックスを選択します。

②《ホーム》タブを選択します。

③《フォント》グループの
　Arial 本文　　　（フォント）の▼を
　クリックします。

④《Arial Black》をクリックします。

※一覧に表示されていない場合は、スクロールし
て調整します。

⑤《フォント》グループの 18 ▼ (フォント
サイズ) の ▼ をクリックします。

⑥《40》をクリックします。

⑦《フォント》グループの A▼ (フォントの
色) の ▼ をクリックします。

⑧《テーマの色》の《青、アクセント5、黒＋
基本色25%》をクリックします。

⑨《段落》グループの ≡ (中央揃え) をク
リックします。

テキストボックス内のすべての文字に、書式が設定されます。

2 テキストボックスの塗りつぶし

テキストボックスの文字と画像の色が重なって見えにくい場合は、テキストボックスに塗りつぶしを設定すると文字を目立たせることができます。

塗りつぶしには、単色での塗りつぶしや複数の色でのグラデーションなど様々な種類があり、好みに応じて設定できます。また、画像を挿入したり、塗りつぶした色に透過を設定したりすることもできます。

「Let's Enjoy a CAMERA!」のテキストボックスに、次のように書式を設定しましょう。

塗りつぶしの色	：白、背景1
透明度	：35%
ぼかし	：3pt

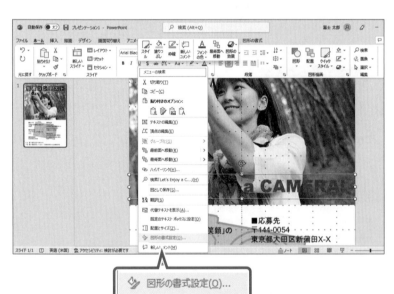

①テキストボックスが選択されていることを確認します。

②テキストボックスを右クリックします。

③《図形の書式設定》をクリックします。

《図形の書式設定》作業ウィンドウが表示されます。

④《図形のオプション》をクリックします。

⑤ （塗りつぶしと線）をクリックします。

⑥《塗りつぶし》をクリックして、詳細を表示します。

※《塗りつぶし》の詳細が表示されている場合は、⑦に進みます。

⑦《塗りつぶし（単色）》を◉にします。

⑧《色》の（塗りつぶしの色）をクリックします。

⑨《テーマの色》の《白、背景1》をクリックします。

⑩《透明度》を「35%」に設定します。

テキストボックスに塗りつぶしが設定されます。

⑪（効果）をクリックします。

⑫《ぼかし》をクリックして、詳細を表示します。

※《ぼかし》の詳細が表示されている場合は、⑬に進みます。

⑬《サイズ》を「3pt」に設定します。

⑭《図形の書式設定》作業ウィンドウの ×（閉じる）をクリックします。

テキストボックスにぼかしが設定されます。

ためしてみよう

主催と協賛のテキストボックスに、次のように書式を設定しましょう。

塗りつぶしの色	：青、アクセント5、黒+基本色50%
フォントの色	：白、背景1
文字の配置	：上下中央揃え

ためしてみよう Answer

① 主催と協賛のテキストボックスを選択
② 《図形の書式》タブを選択
③ 《図形のスタイル》グループの 図形の塗りつぶし （図形の塗りつぶし）をクリック
④ 《テーマの色》の《青、アクセント5、黒+基本色50%》（左から9番目、上から6番目）をクリック
⑤ 《ホーム》タブを選択
⑥ 《フォント》グループの A （フォントの色）の をクリック
⑦ 《テーマの色》の《白、背景1》（左から1番目、上から1番目）をクリック
⑧ 《段落》グループの 中 （文字の配置）をクリック
⑨ 《上下中央揃え》をクリック

※グリッド線とガイドを非表示にしておきましょう。
※ちらしに「グラフィックの活用完成」と名前を付けて、フォルダー「第2章」に保存し、閉じておきましょう。

第2章　グラフィックの活用

練習問題

PDF 標準解答 ▶ P.2

あなたは、レストランのリニューアルオープンをPRするためのちらしを、PowerPointで作成することになりました。
完成図のようなちらしを作成しましょう。

≫ **PowerPointを起動し、新しいプレゼンテーションを作成しておきましょう。**

●完成図

① スライドのサイズを「A4」、スライドの向きを「縦」に設定しましょう。

② スライドのレイアウトを「白紙」に変更しましょう。

③ プレゼンテーションのテーマの配色とフォントを、次のように変更しましょう。

```
テーマの配色　　 ：赤
テーマのフォント：Calibri　メイリオ　メイリオ
```

④ グリッド線とガイドを表示し、次のように設定しましょう。

```
描画オブジェクトをグリッド線に合わせる
グリッドの間隔　　　　　　：5グリッド/cm（0.2cm）
水平方向のガイドの位置：中心から上側に8.00
　　　　　　　　　　　　　　　中心から下側に10.00
```

(HINT) ガイドは2本作成します。2本目のガイドは、1本目をコピーします。

⑤ 完成図を参考に、長方形を作成し、次のように文字を追加しましょう。長方形の高さは水平方向上側のガイド「8.00」の位置に合わせます。

```
2023.3.4 (Sat) [Enter]
Renewal Open!
```

※半角で入力します。
※画面の表示倍率を上げると操作しやすくなります。

⑥ 長方形に、次のように書式を設定しましょう。

```
フォント　　　　 ：Consolas
フォントサイズ：54ポイント
右揃え
```

⑦ 次のように図形を組み合わせて、木のイラストを作成しましょう。
　　葉（二等辺三角形）と幹（正方形/長方形）の配置を左右中央揃えに設定します。
　　次に、図形のスタイル「枠線-淡色1、塗りつぶし-茶、アクセント4」を適用しましょう。

葉 図形「二等辺三角形」

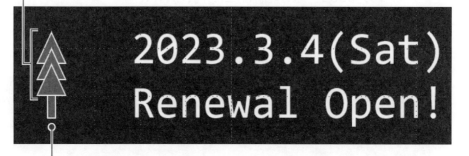

幹 図形「正方形/長方形」

⑧ 葉と幹の図形をつなぎ合わせて、1つの図形に結合しましょう。
次に、結合した木のイラストを右にコピーし、完成図を参考に、位置を調整しましょう。

⑨ フォルダー「**第2章練習問題**」の画像「**レストラン**」を挿入しましょう。
次に、完成図を参考に、位置を調整しましょう。

⑩ 完成図を参考に、画像の下に横書きテキストボックスを作成し、次のように入力しましょう。

LOHASキッチン「アルコイリスの森」 Enter
〒107-0062□東京都港区南青山X-X-X Enter
Enter
ご予約・お問い合わせ：03-XXXX-XXXX Enter
営業時間：11時～23時

※英数字と「-（ハイフン）」は半角で入力します。
※□は全角空白を表します。
※「～」は「から」と入力して変換します。

⑪ テキストボックスに、次のように書式を設定しましょう。

フォントサイズ　：20ポイント
フォントの色　　：茶、アクセント5、黒＋基本色50％

⑫ テキストボックスの「**LOHASキッチン「アルコイリスの森」**」に、次のように書式を設定しましょう。
次に、完成図を参考に、テキストボックスの位置を調整しましょう。

フォントサイズ　：28ポイント
文字の影

⑬ 完成図を参考に、縦書きテキストボックスを作成し、次のように入力しましょう。

身も心も癒される Enter
食材にこだわった Enter
オーガニック料理

⑭ ⑬で作成したテキストボックスに、次のように書式を設定しましょう。
次に、完成図を参考に、テキストボックスの位置を調整しましょう。

フォントサイズ　：28ポイント
フォントの色　　：白、背景1
塗りつぶしの色：黒、テキスト1、白＋基本色5％
透明度　　　　：50％
ぼかし　　　　：5pt

⑮ 完成図を参考に、左下に長方形を作成し、次のように文字を追加しましょう。長方形の高さは水平方向下側のガイド「10.00」の位置に、幅は垂直方向中央のガイドに合わせます。

SERVICE TICKET Enter
Enter
ドリンク1杯無料

※英数字は半角で入力します。

⑯ ⑮で作成した長方形に、次のように書式を設定しましょう。

フォント	：Consolas
フォントの色	：黒、テキスト1
左揃え	
図形の塗りつぶし	：オレンジ、アクセント3

---

⑰ 次のように、図形を組み合わせてコーヒーカップのイラストを作成しましょう。
次に、光（星：4pt）の塗りつぶしの色を「白、背景1」に設定し、4つの図形をグループ化しましょう。

コーヒーカップ 図形「円柱」
光 図形「星：4pt」
持ち手 図形「アーチ」
受け皿 図形「楕円」

⑱ 完成図を参考に、⑮で作成した長方形と⑰で作成したコーヒーカップのイラストをグループ化し、右側にコピーしましょう。

⑲ グリッド線とガイドを非表示にしましょう。

※ちらしに「第2章練習問題完成」と名前を付けて、フォルダー「第2章練習問題」に保存し、閉じておきましょう。

第3章

動画と音声の活用

第3章

この章で学ぶこと

学習前に習得すべきポイントを理解しておき、
学習後には確実に習得できたかどうかを振り返りましょう。

■ ビデオを挿入できる。 → P.92 ☑ ☑ ☑

■ スライド上でビデオを再生できる。 → P.94 ☑ ☑ ☑

■ ビデオのサイズ変更と移動ができる。 → P.95 ☑ ☑ ☑

■ ビデオの明るさとコントラストを調整できる。 → P.97 ☑ ☑ ☑

■ ビデオにスタイルを適用できる。 → P.97 ☑ ☑ ☑

■ ビデオをトリミングできる。 → P.98 ☑ ☑ ☑

■ ビデオの再生のタイミングを設定できる。 → P.101 ☑ ☑ ☑

■ オーディオを挿入できる。 → P.104 ☑ ☑ ☑

■ スライド上でオーディオを再生できる。 → P.105 ☑ ☑ ☑

■ オーディオのアイコンのサイズ変更と移動ができる。 → P.106 ☑ ☑ ☑

■ オーディオの再生のタイミングを設定できる。 → P.109 ☑ ☑ ☑

■ オーディオとビデオの再生順序を変更できる。 → P.111 ☑ ☑ ☑

■ プレゼンテーションのビデオを作成できる。 → P.112 ☑ ☑ ☑

作成するプレゼンテーションを確認する

1 作成するプレゼンテーションの確認

次のようなプレゼンテーションを作成しましょう。

1枚目
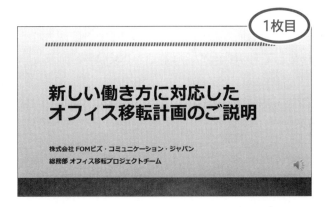

2枚目
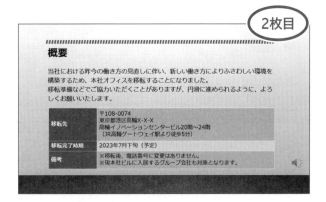

3枚目
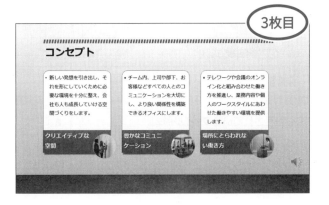

4枚目

5枚目
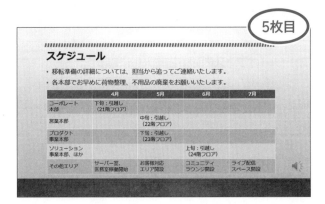

6枚目
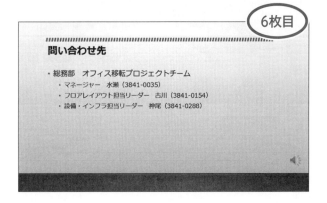

1 ビデオ

デジタルビデオカメラやスマートフォンなどで撮影した動画をスライドに挿入できます。
PowerPointでは、動画のことを**「ビデオ」**といいます。MP4 ビデオファイル、Windows Media
ビデオファイルなど、様々な形式のビデオを挿入できます。
スライドに挿入したビデオは、プレゼンテーションに埋め込まれ、1つのファイルで管理される
ため、プレゼンテーションの保存場所を移動しても、ビデオが再生できなくなるといった心
配はありません。

STEP UP ビデオファイルの種類

PowerPointで扱えるビデオファイルには、次のようなものがあります。

ファイルの種類	説明	拡張子
MP4 ビデオファイル	WindowsやmacOSなどで広く利用されているファイル形式。	.mp4 .m4v .mov
Windows Media ビデオファイル	Windowsに搭載されているWindows Media Playerが標準でサポートしているファイル形式。	.wmv
Windows Media ファイル	動画や音声、文字などのデータをストリーミング配信するためのファイル形式。	.asf
Windows ビデオファイル	Windowsで広く利用されているファイル形式。	.avi
ムービーファイル	CDやDVD、デジタル衛星放送、携帯端末などで広く利用されているファイル形式。	.mpg .mpeg

2 ビデオの挿入

スライド4にフォルダー**「第3章」**のビデオファイル**「オフィス内観」**を挿入しましょう。

» フォルダー**「第3章」**のプレゼンテーション**「動画と音声の活用」**を開いておきましょう。

File OPEN ※自動保存がオンになっている場合は、オフにしておきましょう。

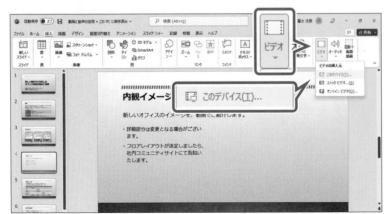

①スライド4を選択します。

②**《挿入》**タブを選択します。

③**《メディア》**グループの 📱(ビデオの挿入)をクリックします。

※**《メディア》**グループが 🔊(メディア)で表示されている場合は、🔊(メディア)をクリックすると、**《メディア》**グループのボタンが表示されます。

④**《このデバイス》**をクリックします。

《ビデオの挿入》ダイアログボックスが表示されます。

⑤左側の一覧から《ドキュメント》を選択します。

⑥右側の一覧から「PowerPoint2021応用」を選択します。

⑦《挿入》をクリックします。

⑧「第3章」を選択します。

⑨《挿入》をクリックします。

挿入するビデオを選択します。

⑩「オフィス内観」を選択します。

⑪《挿入》をクリックします。

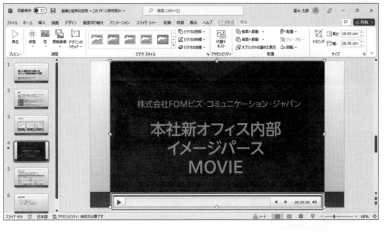

ビデオが挿入されます。

リボンに《ビデオ形式》タブと《再生》タブが表示されます。

ビデオの周囲に○（ハンドル）とビデオを操作するためのツールバーが表示されます。

POINT ストックビデオとオンラインビデオ

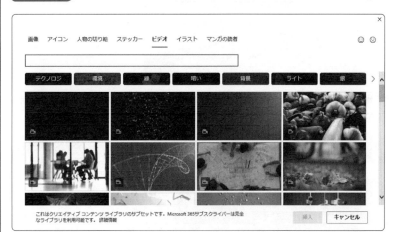

パソコンに保存されているビデオ以外に、インターネットからビデオを挿入することもできます。

●ストックビデオ
著作権がフリーのビデオを挿入できます。ストックビデオは自由に使えるため、出典元や著作権を確認する手間を省くことができます。

●オンラインビデオ
インターネット上にあるビデオのアドレスを入力してビデオを挿入できます。
ただし、ほとんどのビデオには著作権が存在するので、安易にスライドに転用するのは禁物です。ビデオを転用する際には、ビデオの提供元に利用可否を確認する必要があります。

3 ビデオの再生

挿入したビデオはスライド上で再生して確認できます。
ビデオを再生しましょう。

①ビデオが選択されていることを確認します。
② ▶ (再生/一時停止) をクリックします。

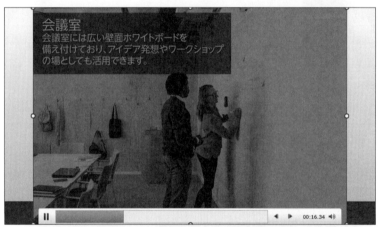

ビデオが再生されます。

ビデオの選択を解除します。
③ビデオ以外の場所をクリックします。
ビデオの選択が解除されます。

POINT ビデオの操作

ビデオを操作するためのツールバーは、ビデオを選択したときと、ビデオをポイントしたときに表示されます。
各部の名称と役割は、次のとおりです。

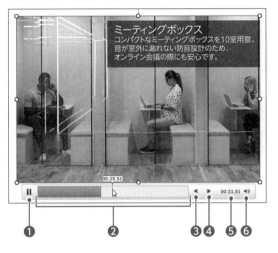

❶ 再生/一時停止

▶ をクリックすると、ビデオが再生されます。
再生中は ⏸ に変わります。 ⏸ をクリックすると、ビデオが一時停止されます。

❷ タイムライン

再生時間を帯状のグラフで表示します。タイムラインにマウスポインターを合わせると、その位置の再生時間がポップヒントに表示されます。タイムラインをクリックすると、再生を開始する位置を指定できます。

❸ 0.25秒間戻ります

0.25秒前を表示します。

❹ 0.25秒間先に進みます

0.25秒後を表示します。

❺ 再生時間

現在の再生時間が表示されます。

❻ ミュート/ミュート解除

🔊 をクリックすると、音量がミュート（消音）になります。ミュートのときは 🔇 に変わります。 🔇 をクリックすると、ミュートが解除されます。

🔊 をポイントして表示される音量スライダーの ● をドラッグすると、音量を調整できます。

---

4 ビデオのサイズ変更と移動

ビデオはスライド内でサイズを変更したり、移動したりできます。
ビデオのサイズを変更するには、周囲の枠線上にある○（ハンドル）をドラッグします。
また、ビデオを移動するには、ビデオを選択してドラッグします。
ビデオのサイズと位置を調整しましょう。

①ビデオを選択します。

②ビデオの右下の○（ハンドル）をポイントします。

マウスポインターの形が ↖ に変わります。

③図のようにドラッグします。

ドラッグ中、マウスポインターの形が＋
に変わります。

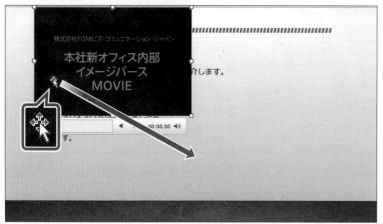

ビデオのサイズが変更されます。
④ビデオをポイントします。
マウスポインターの形が　に変わります。
⑤図のようにドラッグします。

ドラッグ中、マウスポインターの形が　
に変わります。

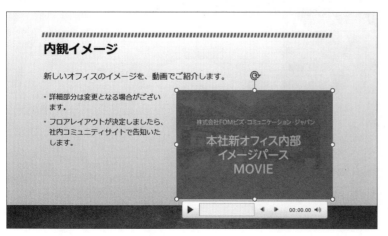

ビデオが移動します。

STEP 3 ビデオを編集する

1 明るさとコントラストの調整

挿入したビデオが明るすぎたり、暗すぎたりする場合は、明るさやコントラスト（明暗の差）を調整できます。
ビデオの明るさとコントラストをそれぞれ「+20%」にしましょう。

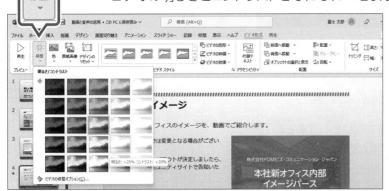

① ビデオを選択します。

② 《ビデオ形式》タブを選択します。

③ 《調整》グループの ⬜ （修整）をクリックします。

④ 《明るさ/コントラスト》の《明るさ：+20%　コントラスト：+20%》をクリックします。

ビデオの明るさとコントラストが調整されます。

※ビデオを再生し、ビデオ全体の明るさとコントラストが調整されていることを確認しておきましょう。

STEP UP ビデオの色の変更

ビデオ全体の色をグレースケールやセピア、テーマの色などに変更できます。
ビデオの色を変更する方法は、次のとおりです。

◆ビデオを選択→《ビデオ形式》タブ→《調整》グループの （色）

2 ビデオスタイルの適用

「ビデオスタイル」とは、ビデオを装飾する書式を組み合わせたものです。枠線や効果などが設定でき、影や光彩を付けてビデオを立体的にしたり、ビデオにフレームを付けて装飾したりできます。
ビデオにスタイル「角丸四角形、光彩」を適用しましょう。

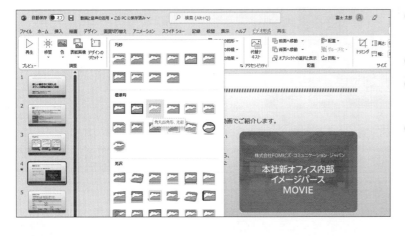

① ビデオが選択されていることを確認します。

② 《ビデオ形式》タブを選択します。

③ 《ビデオスタイル》グループの ▽ （その他）をクリックします。

④ 《標準的》の《角丸四角形、光彩》をクリックします。

ビデオにスタイルが適用されます。

※ビデオ以外の場所をクリックし、選択を解除しておきましょう。

POINT　ビデオのデザインのリセット

ビデオの明るさやコントラスト、ビデオの色、ビデオスタイルなどの書式設定を一度に取り消すことができます。
ビデオのデザインをリセットをする方法は、次のとおりです。

◆ビデオを選択→《ビデオ形式》タブ→《調整》グループの（デザインのリセット）

3　ビデオのトリミング

「ビデオのトリミング」を使うと、挿入したビデオの先頭または末尾の不要な映像を取り除き、必要な部分だけをトリミングできます。
動画編集ソフトを使わなくてもPowerPointでトリミングできるので便利です。
ビデオの先頭と末尾の不要な映像を取り除き、開始時間と終了時間が次の時間になるようにトリミングしましょう。

開始時間：3.663秒
終了時間：41.346秒

①ビデオを選択します。

②《再生》タブを選択します。

③《編集》グループの（ビデオのトリミング）をクリックします。

《ビデオのトリミング》ダイアログボックスが表示されます。

映像の先頭をトリミングします。

④ ▌ をポイントします。

マウスポインターの形が ⬌ に変わります。

⑤図のようにドラッグします。

（目安：「**00：03.663**」）

※《開始時間》に「00：03.663」と入力してもかまいません。

※ ▌ をドラッグすると、上側に表示されているビデオもコマ送りされます。

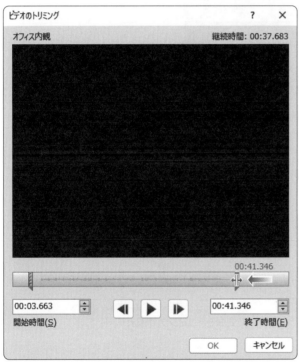

映像の末尾をトリミングします。

⑥ ▌ をポイントします。

マウスポインターの形が ⬌ に変わります。

⑦図のようにドラッグします。

（目安：「**00：41.346**」）

※《終了時間》に「00：41.346」と入力してもかまいません。

⑧《OK》をクリックします。

ビデオがトリミングされます。

※ビデオを再生して、先頭と末尾の映像が取り除かれていることを確認しておきましょう。

STEP UP ビデオの表紙画像

ビデオを挿入すると、ビデオの最初の画像がビデオの表紙としてスライドに表示されます。ビデオ内により効果的な画像がある場合は、その1ショットをビデオの表紙画像として設定できます。ビデオの内容を表す適切な1ショットを表紙画像に設定しておくと、スライドをひと目見ただけでビデオの内容がわかるので、配布資料としても効果的なものになります。
ビデオ内の画像を表紙画像に設定する方法は、次のとおりです。

◆表紙画像に設定したい位置までビデオを再生→《ビデオ形式》タブ→《調整》グループの （表紙画像）→《現在の画像》

POINT 《ビデオのトリミング》ダイアログボックス

《ビデオのトリミング》ダイアログボックスの各部の名称と役割は、次のとおりです。

❶継続時間
ビデオ全体の再生時間が表示されます。

❷開始点
┃を目的の開始位置までドラッグすると、ビデオの先頭をトリミングできます。

❸終了点
┃を目的の終了位置までドラッグすると、ビデオの末尾をトリミングできます。

❹開始時間
ビデオの開始時間が表示されます。

❺終了時間
ビデオの終了時間が表示されます。

❻前のフレーム
1コマ前が表示されます。

❼再生
クリックすると、ビデオが再生されます。
※再生中は ❚❚（一時停止）に変わります。

❽次のフレーム
1コマ後が表示されます。

4 スライドショーでのビデオの再生

挿入したビデオはスライドショーで再生されます。
スライドショーでのビデオの再生には、次の3つのタイミングがあります。

> ●一連のクリック動作
> アニメーションの再生と同じ感覚で、スライドのクリックや Enter を押すなどの操作で再生
> ができます。
> スライド上のビデオをクリックする必要はありません。
> 再生の順番は、スライドに設定されているアニメーションの順番に従って再生されます。
> ●自動
> スライドが表示されたタイミングや前のアニメーションが終わったタイミングで、自動的に
> 再生されます。
> ●クリック時
> スライド上のビデオをクリックしたタイミングで再生されます。

スライドが表示されるとビデオが自動で再生されるように設定し、スライドショーでビデオを
再生しましょう。

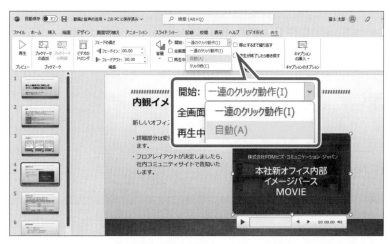

① ビデオが選択されていることを確認します。
② 《再生》タブを選択します。
③ 《ビデオのオプション》グループの《開始》の 一連のクリック動作(I) ▼ をクリックします。
④ 《自動》をクリックします。

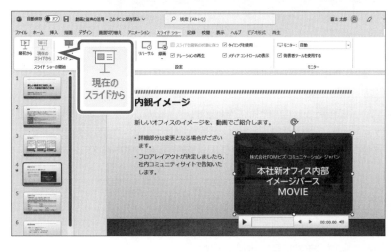

⑤ 《スライドショー》タブを選択します。
⑥ 《スライドショーの開始》グループの （このスライドから開始）をクリックします。

1

2

3

4

5

6

7

8

総合問題

索引

101

スライドショーが実行され、ビデオが自動的に再生されます。

※ビデオにマウスポインターを合わせると、ビデオを操作するためのツールバーが表示されます。

※[Esc]または ▮▮ を押して、ビデオを一時停止しましょう。

※[Esc]を押して、スライドショーを終了しておきましょう。

STEP UP　クリッカーを使ったスライドショーの実行

パソコンから離れたスクリーンの前などで発表を行う場合、ワイヤレスで操作できる専用リモコンやレーザーポインターと一体型になった端末、スマホアプリなどのクリッカーを使ってスライドショーを実行すると便利です。そのような場合、ビデオの再生のタイミングを《一連のクリック動作》に設定しておくと、再生するビデオにマウスポインターを合わせなくても、発表者のクリックするタイミングで順番に再生することができ、スムーズなプレゼンテーションが行えます。

POINT　《ビデオのオプション》グループ

《再生》タブの《ビデオのオプション》グループでは、次のような設定ができます。

❶音量
ビデオの音量を調整します。

❷開始
ビデオを再生するタイミングを設定します。

❸全画面再生
スライドショーでビデオを再生すると、全画面で表示します。

❹再生中のみ表示
スライドショーでビデオを再生しているときだけ、画面に表示されます。

※ビデオを再生するタイミングを《クリック時》に設定した場合は、ビデオにアニメーションを設定します。ビデオを選択し、《アニメーション》タブ→《アニメーション》グループの ▾ (その他)→《メディア》の《再生》を選択します。

❺停止するまで繰り返す
ビデオを最後まで再生し終わると、ビデオの最初に戻り、繰り返し再生します。

❻再生が終了したら巻き戻す
ビデオを最後まで再生し終わると、ビデオの最初に戻り、停止します。

※❺と❻の両方が ☑ になっている場合、停止せずに繰り返し再生します。

STEP UP キャプションの挿入

ビデオには、キャプション（字幕）を挿入することができます。挿入したキャプションは、PowerPoint上でビデオを再生する際に表示されます。

キャプションを挿入する方法は、次のとおりです。

◆ビデオを選択→《再生》タブ→《キャプションのオプション》グループの ▤ （キャプションの挿入）→挿入する
　ファイルを選択→《挿入》→ ▬ （オーディオと字幕のメニューの表示/非表示）→挿入したキャプションを選択

キャプション

STEP UP キャプションファイルの作成

キャプションファイルは、Windowsに標準で搭載されているアプリ「メモ帳」を使って作成できます。

キャプションを表示する時間（hh:mm:ss.ttt）とキャプションの内容を入力します。キャプションを表示する時間は、開始時間と終了時間を「-->」でつないで入力します。「-->」の前後には半角空白を入力します。

ファイルは、環境によって文字化けが生じないように、エンコードを「UTF-8」に設定し、テキストドキュメントとして保存します。その後、ファイルの拡張子を「.vtt」に変更します。

キャプションファイルは、次のように入力します。

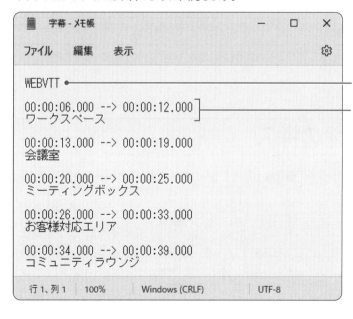

ファイルの先頭に入力

字幕の表示時間と内容を
セットで入力

STEP 4 オーディオを挿入する

1 オーディオ

録音した音声や音楽などをスライドに挿入できます。PowerPointでは、音声や音楽のことを**「オーディオ」**といいます。録音した音声や音楽などを挿入することによって、プレゼンテーションの効果をより高めることができます。
スライドに挿入したオーディオは、プレゼンテーションに埋め込まれ、1つのファイルで管理されるため、プレゼンテーションの保存場所を移動しても、オーディオが再生できなくなるといった心配はありません。

STEP UP オーディオファイルの種類

PowerPointで扱えるオーディオファイルには、次のようなものがあります。

ファイルの種類	説明	拡張子
Advanced Audio Coding MPEG-4 オーディオファイル	Windows 11に搭載されているサウンドレコーダーなどで利用されているファイル形式。	.m4a .mp4
Windows Media オーディオファイル	Windows VistaからWindows 8.1に搭載されているサウンドレコーダーのファイル形式。	.wma
Windows オーディオファイル	Windowsで広く利用されているファイル形式。	.wav
MP3オーディオファイル	携帯音楽プレーヤーやインターネットの音楽配信に広く利用されているファイル形式。	.mp3
MIDIファイル	電子楽器やパソコンで入力した演奏データを送受信する際に使われており、音楽制作の分野で利用されているファイル形式。	.mid .midi
AIFFオーディオファイル	macOSやiOSなどで利用されているファイル形式。	.aiff
AUオーディオファイル	UNIXやLinuxなどで利用されているファイル形式。	.au

2 オーディオの挿入

スライド1にフォルダー**「第3章」**のオーディオファイル**「ナレーション1」**を挿入しましょう。

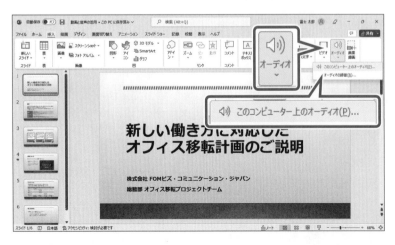

①スライド1を選択します。

②《**挿入**》タブを選択します。

③《**メディア**》グループの（オーディオの挿入）をクリックします。

※《メディア》グループが（メディア）で表示されている場合は、（メディア）をクリックすると、《メディア》グループのボタンが表示されます。

④《**このコンピューター上のオーディオ**》をクリックします。

《オーディオの挿入》ダイアログボックスが表示されます。

オーディオが保存されている場所を選択します。

⑤左側の一覧から《ドキュメント》を選択します。

⑥右側の一覧から「PowerPoint2021応用」を選択します。

⑦《挿入》をクリックします。

⑧「第3章」を選択します。

⑨《挿入》をクリックします。

挿入するオーディオを選択します。

⑩「ナレーション1」を選択します。

⑪《挿入》をクリックします。

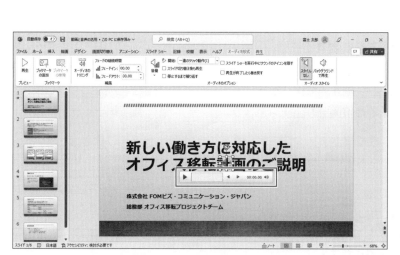

オーディオが挿入され、オーディオのアイコンが表示されます。

リボンに《オーディオ形式》タブと《再生》タブが表示されます。

オーディオのアイコンの周囲に○（ハンドル）とオーディオを操作するためのツールバーが表示されます。

3 オーディオの再生

挿入したオーディオはスライド上で再生して確認できます。

オーディオを再生しましょう。

※オーディオを再生するには、パソコンに内蔵されたスピーカーや接続されたヘッドホンなど、サウンドを再生する環境が必要です。

①オーディオのアイコンが選択されていることを確認します。

②▶（再生/一時停止）をクリックします。

オーディオが再生されます。

STEP UP その他の方法
（オーディオの再生）

◆オーディオのアイコンを選択→《再生》タブ→《プレビュー》グループの（メディアのプレビュー）

4 オーディオのアイコンのサイズ変更と移動

オーディオのアイコンはスライド内でサイズを変更したり、移動したりできます。
オーディオのアイコンのサイズを変更するには、周囲の枠線上にある〇（ハンドル）をドラッグします。
また、オーディオのアイコンを移動するには、オーディオのアイコンを選択してドラッグします。
オーディオのアイコンのサイズと位置を調整しましょう。

①オーディオのアイコンが選択されていることを確認します。
②オーディオのアイコンの左上の〇（ハンドル）をポイントします。
マウスポインターの形が↖に変わります。
③図のようにドラッグします。

ドラッグ中、マウスポインターの形が╋に変わります。

オーディオのアイコンのサイズが変更されます。

④オーディオのアイコンをポイントします。マウスポインターの形が ↖ に変わります。

⑤図のようにドラッグします。

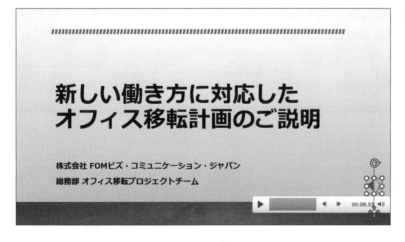

ドラッグ中、マウスポインターの形が ✛ に変わります。

オーディオのアイコンが移動します。

STEP UP オーディオのトリミング

ビデオと同じように、オーディオの先頭または末尾の不要な部分をトリミングできます。
オーディオをトリミングする方法は、次のとおりです。

◆オーディオのアイコンを選択→《再生》タブ→《編集》グループの ![icon] (オーディオのトリミング)

オーディオのトリミング	? ☓
ナレーション1	継続時間: 00:08.538

00:00.000

00:00 ⏺	◀‖ ▶ ‖▶	00:08.538 ⏺
開始時間(S)		終了時間(E)

OK　　キャンセル

ためしてみよう

スライド2からスライド6にオーディオ「ナレーション2」から「ナレーション6」をそれぞれ挿入しましょう。
次に、スライド1と同様に、オーディオのアイコンのサイズと位置を調整しましょう。

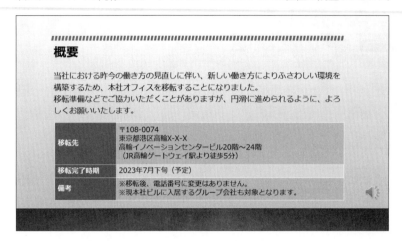

① スライド2を選択
②《挿入》タブを選択
③《メディア》グループの (オーディオの挿入)をクリック
※《メディア》グループが (メディア)で表示されている場合は、(メディア)をクリックすると、《メディア》グループのボタンが表示されます。
④《このコンピューター上のオーディオ》をクリック
⑤ オーディオが保存されている場所を選択
※《ドキュメント》→「PowerPoint2021応用」→「第3章」を選択します。
⑥ 右側の一覧から「ナレーション2」を選択
⑦《挿入》をクリック
⑧ オーディオのアイコンの〇(ハンドル)をドラッグしてサイズ変更
⑨ オーディオのアイコンをドラッグして移動
⑩ 同様に、スライド3からスライド6に「ナレーション3」から「ナレーション6」をそれぞれ挿入し、オーディオのアイコンのサイズと位置を調整

POINT wav形式のオーディオファイルの作成

実習で使っている「ナレーション1」から「ナレーション6」は、wav形式のオーディオファイルです。
Windows 11に標準で搭載されているアプリ「サウンドレコーダー」でレコーディング形式を選択することで、wav形式のオーディオファイルを作成できます。

STEP UP オーディオの録音

オーディオは別ファイルを挿入するだけでなく、PowerPoint上で録音することもできます。
PowerPoint上で録音すると、オーディオファイルは独立したファイルにはならず、プレゼンテーション内に埋め込まれます。
PowerPoint上でオーディオを録音する方法は、次のとおりです。
◆《挿入》タブ→《メディア》グループの (オーディオの挿入)→《オーディオの録音》
※《メディア》グループが (メディア)で表示されている場合は、(メディア)をクリックすると、《メディア》グループのボタンが表示されます。
※オーディオの録音と再生には、パソコンに接続または内蔵されたマイクなどのオーディオを録音する環境と、スピーカーやヘッドホンなどオーディオを再生する環境が必要です。

5 スライドショーでのオーディオの再生

挿入したオーディオはスライドショーで再生されます。
スライドショーでのオーディオの再生には、次の3つのタイミングがあります。

●一連のクリック動作
アニメーションの再生と同じ感覚で、スライドのクリックや Enter を押すなどの操作で再生
ができます。
スライド上のオーディオのアイコンをクリックする必要はありません。
再生の順番は、スライドに設定されているアニメーションの順番に従って再生されます。
●自動
スライドが表示されたタイミングや前のアニメーションが終わったタイミングで、自動的に
再生されます。
●クリック時
スライド上のオーディオのアイコンをクリックしたタイミングで再生されます。

スライドが表示されるとオーディオが自動で再生されるように設定し、スライドショーでオーディオを再生しましょう。

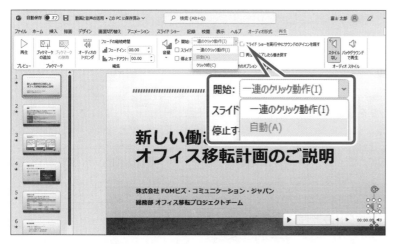

①スライド1を選択します。

②オーディオのアイコンを選択します。

③《再生》タブを選択します。

④《オーディオのオプション》グループの《開始》の 一連のクリック動作(I) をクリックします。

⑤《自動》をクリックします。

⑥《スライドショー》タブを選択します。

⑦《スライドショーの開始》グループの （このスライドから開始）をクリックします。

新しい働き方に対応した オフィス移転計画のご説明

株式会社 FOMビズ・コミュニケーション・ジャパン
総務部 オフィス移転プロジェクトチーム

スライドショーが実行され、オーディオが自動的に再生されます。

※オーディオのアイコンにマウスポインターを合わせると、オーディオを操作するためのツールバーが表示されます。

※ [Esc] を押して、スライドショーを終了しておきましょう。

POINT 《オーディオのオプション》グループ

《再生》タブの《オーディオのオプション》グループでは、次のような設定ができます。

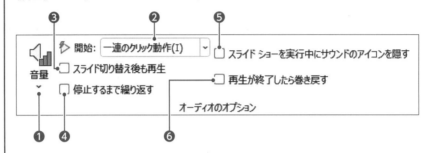

❶音量
オーディオの音量を調整します。

❷開始
オーディオを再生するタイミングを設定します。

❸スライド切り替え後も再生
スライドが切り替わっても再生されます。

❹停止するまで繰り返す
オーディオを最後まで再生し終わると、オーディオの最初に戻り、繰り返し再生します。

❺スライドショーを実行中にサウンドのアイコンを隠す
スライドショーを実行中にオーディオのアイコンを非表示にします。

❻再生が終了したら巻き戻す
オーディオを最後まで再生し終わると、オーディオの最初に戻り、停止します。

※❹と❻の両方が ☑ になっている場合、停止せずに繰り返し再生します。

Let's Try **ためしてみよう**

スライド2からスライド6に挿入したオーディオが自動で再生されるように設定しましょう。

A Let's Try **nswer**

①スライド2を選択
②オーディオのアイコンを選択
③《再生》タブを選択
④《オーディオのオプション》グループの《開始》の 一連のクリック動作(I) をクリック
⑤《自動》をクリック
⑥同様に、スライド3からスライド6のオーディオを《自動》に設定

再生順序の変更

同じスライドにビデオとオーディオを挿入すると、挿入した順番に再生されます。
スライド4のオーディオがビデオよりも先に再生されるように、再生順序を変更しましょう。
ビデオやオーディオの再生順序は、《アニメーションウィンドウ》を使って確認することができます。

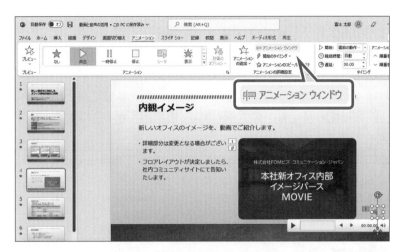

① スライド4を選択します。

② オーディオのアイコンを選択します。

③ 《アニメーション》タブを選択します。

④ 《アニメーションの詳細設定》グループ
の [アニメーション ウィンドウ] （アニメーション
ウィンドウ）をクリックします。

アニメーションウィンドウ

《アニメーションウィンドウ》が表示されます。

⑤ 「ナレーション4」が「オフィス内観」の下
に表示されていることを確認します。

※《アニメーションウィンドウ》のリストの上に表示
されているものから再生されます。

⑥ 《タイミング》グループの [∧ 順番を前にする]
（順番を前にする）をクリックします。

再生順序が変更されます。

⑦ 「ナレーション4」が一番上に表示され
ていることを確認します。

※ [×]（閉じる）をクリックして《アニメーション
ウィンドウ》を閉じておきましょう。

POINT 再生順序を後にする

ビデオやオーディオの再生順序を後にする方法は、次のとおりです。

◆ビデオまたはオーディオのアイコンを選択→《アニメーション》タブ→《タイミング》グループの
[∨ 順番を後にする]（順番を後にする）

STEP 5　プレゼンテーションのビデオを作成する

1　プレゼンテーションのビデオ

「ビデオの作成」を使うと、プレゼンテーションをMPEG-4ビデオ形式（拡張子「.mp4」）またはWindows Mediaビデオ形式（拡張子「.wmv」）のビデオに変換できます。プレゼンテーションに設定されている画面切り替え効果やアニメーション、挿入されたビデオやオーディオ、記録されたナレーションやレーザーポインターの動きもそのまま再現できます。
プレゼンテーションをビデオにする場合は、画面切り替えのタイミングを事前に設定しておくか、すべてのスライドを同じ秒数で切り替えるかを選択します。また、用途に合わせてビデオのファイルサイズや画質も選択できます。
ビデオに変換するとパソコンにPowerPointがセットアップされていなくても再生できるため、プレゼンテーションを配布するのに便利です。

2　画面切り替えの設定

次のように、各スライドの画面切り替えのタイミングを設定しましょう。

スライド1：10秒	スライド2：21秒	スライド3：13秒
スライド4：57秒	スライド5：15秒	スライド6：8秒

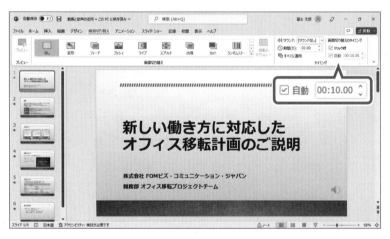

①スライド1を選択します。

②《画面切り替え》タブを選択します。

③《タイミング》グループの《自動》を☑にして、「00:10.00」に設定します。

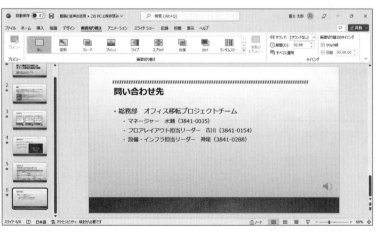

④同様に、スライド2からスライド6に画面切り替えのタイミングを設定します。

3 ビデオの作成

次のような設定で、プレゼンテーションをもとにビデオ「**オフィス移転計画**」を作成しましょう。

> HD（720p）
> 記録されたタイミングとナレーションを使用する
> ビデオのファイル形式：Windows Mediaビデオ形式（拡張子「.wmv」）

① 《**ファイル**》タブを選択します。

② 《**エクスポート**》をクリックします。

③ 《**ビデオの作成**》をクリックします。

④ 《**フルHD（1080p）**》をクリックします。

⑤ 《**HD（720p）**》をクリックします。

⑥ 《**記録されたタイミングとナレーション
を使用する**》になっていることを確認
します。

⑦ 《**ビデオの作成**》をクリックします。

《**名前を付けて保存**》ダイアログボックスが
表示されます。

※お使いの環境によっては、《名前を付けて保
存》が《ビデオのエクスポート》と表示されてい
る場合があります。

ビデオを保存する場所を選択します。

⑧ フォルダー「**第3章**」が開かれているこ
とを確認します。

※「第3章」が開かれていない場合は、《ドキュメン
ト》→「PowerPoint2021応用」→「第3章」を選
択します。

⑨ 《**ファイル名**》に「**オフィス移転計画**」と
入力します。

⑩ 《**ファイルの種類**》の《**MPEG-4ビデオ**》
をクリックします。

⑪ 《**Windows Mediaビデオ**》をクリックし
ます。

⑫ 《**保存**》をクリックします。

※お使いの環境によっては、《保存》が《エクス
ポート》と表示されている場合があります。

ビデオの作成が開始されます。

※ステータスバーに「ビデオ オフィス移転計画.wmv
を作成中」と表示されます。お使いの環境によっ
ては、「〜を作成中」のところが「〜のエクスポート
中」と表示される場合があります。プレゼンテー
ションのファイルサイズによって、ビデオの作成に
かかる時間が異なります。

※プレゼンテーションに「動画と音声の活用完成」
と名前を付けて、フォルダー「第3章」に保存し、
閉じておきましょう。

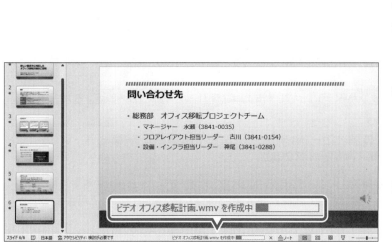

POINT **ビデオのファイルサイズと画質**

ビデオを作成する場合、用途に応じてファイルサイズや画質を選択します。
高画質になるほど、ファイルサイズは大きくなります。

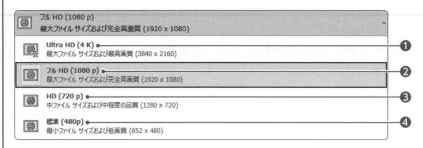

❶**Ultra HD（4K）**
大型モニターや高解像度モニター用の、高画質のビデオを作成する場合に選択します。

❷**フルHD（1080p）**
高画質のビデオを作成する場合に選択します。

❸**HD（720p）**
画質が中程度のビデオを作成する場合に選択します。

❹**標準（480p）**
ファイルサイズが小さく、低画質のビデオを作成する場合に選択します。

POINT **タイミングとナレーションの使用**

ビデオを作成する場合、記録された画面切り替えなどのタイミングや、ナレーションなどのオーディオを使用するかどうかを選択します。

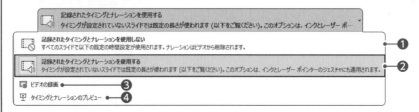

❶**記録されたタイミングとナレーションを使用しない**
すべてのスライドが《各スライドの所要時間》で設定した時間で切り替わります。オーディオは、作成するビデオから削除されます。
※《各スライドの所要時間》は、このドロップダウンの一覧を閉じると確認できます。

❷**記録されたタイミングとナレーションを使用する**
タイミングを設定していないスライドだけが、《各スライドの所要時間》で設定した時間で切り替わります。オーディオも、作成するビデオに収録されます。

❸**ビデオの録画**
クリックすると、録画画面が表示されます。
プレゼンテーションのスライドの切り替えやアニメーションのタイミング、ナレーションなどのオーディオ、ペンを使った書き込みなどを含めてプレゼンテーションを録画できます。
※お使いの環境によっては、《ビデオの録画》が《タイミングとナレーションの記録》と表示される場合があります。
※録画は、《スライドショー》タブから行うこともできます。《スライドショー》タブから録画する方法は、第8章で学習します。

❹**タイミングとナレーションのプレビュー**
ビデオを作成する前に、書き出す内容を確認できます。

※オーディオやビデオなどが挿入されているスライドについては、オーディオやビデオの再生時間が優先されます。《各スライドの所要時間》で設定した時間が再生時間より短く設定されている場合は、再生が終わり次第、次のスライドが表示されます。

4 ビデオの再生

作成したビデオを再生しましょう。

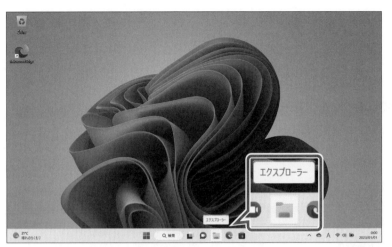

ビデオが保存されている場所を開きます。

① デスクトップが表示されていることを確認します。

② タスクバーの ■ (エクスプローラー) をクリックします。

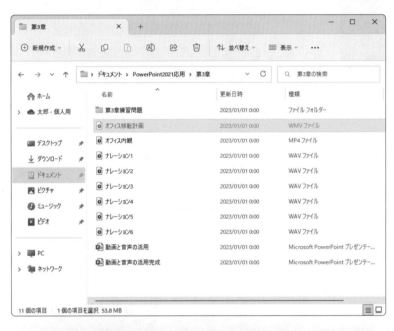

エクスプローラーが表示されます。

③ 左側の一覧から《ドキュメント》をクリックします。

④ 右側の一覧からフォルダー「PowerPoint2021応用」をダブルクリックします。

⑤ フォルダー「第3章」をダブルクリックします。

⑥ ファイル「オフィス移転計画」をダブルクリックします。

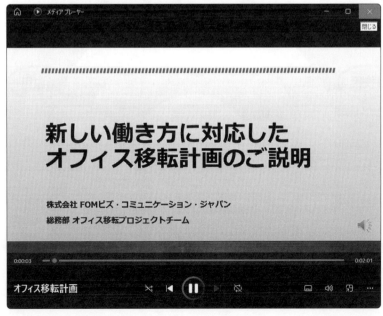

ビデオを再生するためのアプリが起動し、設定した画面切り替えのタイミングでビデオが再生されます。

※アプリを選択する画面が表示された場合は、任意のアプリを選択します。

ビデオを終了します。

⑦ ✕ (閉じる) をクリックします。

※開いているウィンドウを閉じておきましょう。

練習問題

PDF 標準解答 ▶ P.5

あなたは、日本文化体験教室をPRし、参加者を募集するためのプレゼンテーション資料を作成しています。
完成図のようなプレゼンテーションを作成しましょう。

» フォルダー「第3章練習問題」のプレゼンテーション「第3章練習問題」を開いておきましょう。

※自動保存がオンになっている場合は、オフにしておきましょう。

●完成図

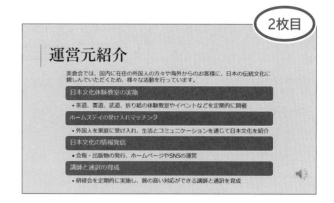

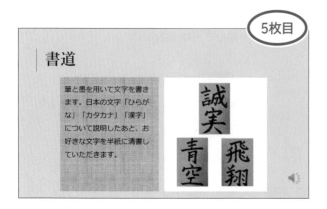

① スライド7にフォルダー**「第3章練習問題」**のビデオ**「折り紙（かぶと）」**を挿入しましょう。
　次に、完成図を参考に、ビデオの位置を調整しましょう。

(HINT) コンテンツのプレースホルダーの 🎞 （ビデオの挿入）を使います。

② ビデオをスライド上で再生しましょう。

③ ビデオの明るさとコントラストをそれぞれ**「＋20％」**に設定しましょう。

④ ビデオにスタイル**「四角形、背景の影付き」**を適用しましょう。

⑤ ビデオの先頭と末尾の不要な映像を取り除き、開始時間と終了時間が次の時間になるようにトリミングしましょう。

開始時間：2.513秒
終了時間：1分37.508秒

---

⑥ ビデオがスライドショーで自動的に再生されるように設定しましょう。
　次に、スライドショーでビデオを再生しましょう。

⑦ スライド1からスライド9に、フォルダー**「第3章練習問題」**のオーディオ**「音声1」**から**「音声9」**をそれぞれ挿入しましょう。
　次に、完成図を参考に、オーディオのアイコンのサイズと位置を調整しましょう。

⑧ スライド1からスライド9のオーディオが、スライドショーで自動的に再生されるように設定しましょう。

⑨ スライド7のオーディオがビデオよりも先に再生されるように、再生順序を変更しましょう。

⑩ スライド1からスライドショーを実行し、すべてのスライドを確認しましょう。

⑪ 次のような設定で、プレゼンテーションをもとにビデオを作成し、**「体験教室のご紹介」**と名前を付けてフォルダー**「第3章練習問題」**に保存しましょう。

HD（720p）
記録されたタイミングとナレーションを使用しない
各スライドの所要時間：5秒
ビデオのファイル形式：MPEG-4ビデオ形式（拡張子「.mp4」）

---

⑫ ビデオ**「体験教室のご紹介」**を再生しましょう。

※プレゼンテーションに「第3章練習問題完成」と名前を付けて、フォルダー「第3章練習問題」に保存し、閉じておきましょう。

第4章

スライドのカスタマイズ

第4章 | この章で学ぶこと

学習前に習得すべきポイントを理解しておき、
学習後には確実に習得できたかどうかを振り返りましょう。

■ スライドマスターが何かを説明できる。 → P.123 ☑ ☑ ☑

■ スライドマスターの種類を理解し、編集する内容に応じて
スライドマスターを選択できる。 → P.123 ☑ ☑ ☑

■ スライドマスターを表示できる。 → P.125 ☑ ☑ ☑

■ 共通のスライドマスターを編集できる。 → P.126 ☑ ☑ ☑

■ タイトルスライドのスライドマスターを編集できる。 → P.135 ☑ ☑ ☑

■ スライドマスターで編集したデザインをテーマとして保存できる。 → P.139 ☑ ☑ ☑

■ ヘッダーとフッターを挿入できる。 → P.142 ☑ ☑ ☑

■ ヘッダーとフッターを編集できる。 → P.143 ☑ ☑ ☑

■ オブジェクトに動作を設定できる。 → P.146 ☑ ☑ ☑

■ オブジェクトの動作を確認できる。 → P.148 ☑ ☑ ☑

■ スライドに動作設定ボタンを作成できる。 → P.149 ☑ ☑ ☑

■ 動作設定ボタンを使ってスライドを移動できる。 → P.151 ☑ ☑ ☑

1 作成するプレゼンテーションの確認

次のようなプレゼンテーションを作成しましょう。

1枚目

2枚目

3枚目

4枚目

4枚目

5枚目

6枚目

7枚目

8枚目

9枚目

10枚目

11枚目

12枚目

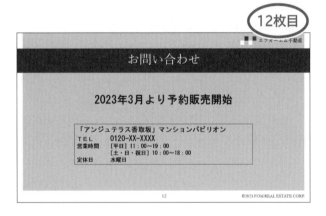

スライドマスターの概要

1 スライドマスター

「**スライドマスター**」とは、プレゼンテーション内のすべてのスライドのデザインをまとめて管理しているもので、デザインの原本に相当するものです。

スライドマスターには、タイトルや箇条書きなどの文字の書式、プレースホルダーの位置やサイズ、背景のデザインなどが含まれます。

スライドマスターを編集すると、すべてのスライドのデザインを一括して変更できます。

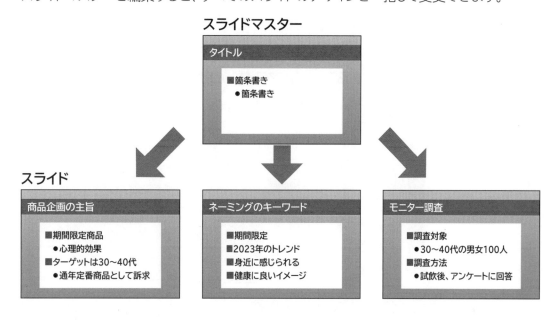

2 スライドマスターの種類

スライドマスターは、すべてのスライドを管理するマスターと、レイアウトごとに管理するマスターがあります。

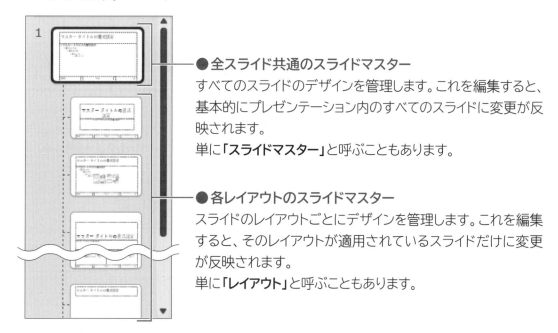

●**全スライド共通のスライドマスター**
すべてのスライドのデザインを管理します。これを編集すると、基本的にプレゼンテーション内のすべてのスライドに変更が反映されます。
単に「**スライドマスター**」と呼ぶこともあります。

●**各レイアウトのスライドマスター**
スライドのレイアウトごとにデザインを管理します。これを編集すると、そのレイアウトが適用されているスライドだけに変更が反映されます。
単に「**レイアウト**」と呼ぶこともあります。

3　スライドマスターの編集手順

すべてのスライドに共通するタイトルのフォントサイズを変更したい場合や、すべてのスライドに会社のロゴを挿入したい場合に、スライドを1枚ずつ修正していると時間がかかったり、スライドによってずれが生じたりしてしまいます。スライドマスターを編集すれば、すべてのスライドのデザインを一括して変更できるので便利です。
スライドマスターを編集する手順は、次のとおりです。

1　スライドマスターの表示

スライドマスター表示に切り替えるには、《表示》タブ→《マスター表示》グループの (スライドマスター表示)をクリックします。

2　編集するスライドマスターの選択

サムネイル（縮小版）の一覧から編集するスライドマスターを選択します。

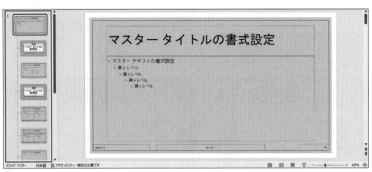

3　スライドマスターの編集

スライドマスターのタイトルや箇条書きなどの文字の書式、プレースホルダーの位置やサイズ、背景のデザインなどを編集します。

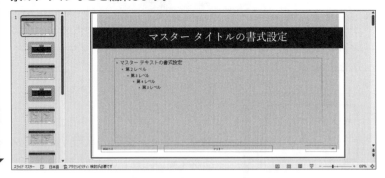

4　スライドマスターを閉じる

スライドマスター表示を閉じるには、《スライドマスター》タブ→《閉じる》グループの (マスター表示を閉じる)をクリックします。

STEP 3 共通のスライドマスターを編集する

1 共通のスライドマスターの編集

共通のスライドマスターを編集すると、基本的にプレゼンテーション内のすべてのスライドのデザインをまとめて変更できます。
共通のスライドマスターを、次のように編集しましょう。

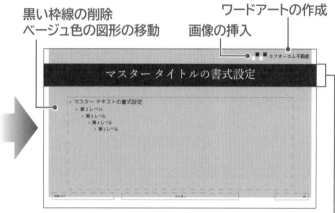

黒い枠線の削除
ベージュ色の図形の移動

ワードアートの作成
画像の挿入

タイトルのプレースホルダーのフォント、フォントサイズ、フォントの色、
配置、塗りつぶしの色の変更
タイトルのプレースホルダーのサイズ変更

2 スライドマスターの表示

スライドマスターを編集する場合は、スライドマスターを表示します。
スライドマスターを表示しましょう。

File OPEN フォルダー「第4章」のプレゼンテーション「スライドのカスタマイズ」を開いておきましょう。
※自動保存がオンになっている場合は、オフにしておきましょう。

①《表示》タブを選択します。
②《マスター表示》グループの（スライドマスター表示）をクリックします。

1

2

3

4

5

6

7

8

総合問題

索引

スライドマスターが表示されます。
リボンに《**スライドマスター**》タブが表示されます。

---

3 図形の削除と移動

共通のスライドマスターの背景に挿入されている黒い枠線の図形を削除しましょう。次に、ベージュ色の図形を移動しましょう。

①サムネイルの一覧から《**シャボンスライドマスター：スライド1-12で使用される**》を選択します。

※一覧に表示されていない場合は、上にスクロールして調整します。

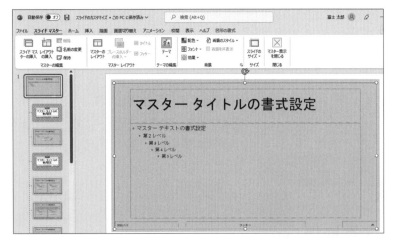

②黒い枠線を選択します。
③[Delete]を押します。

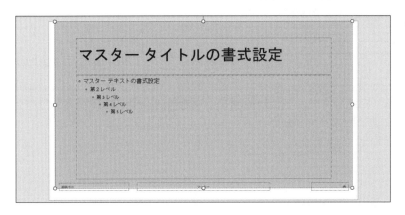

黒い枠線が削除されます。

ベージュ色の図形を上側に移動します。

④ベージュ色の図形を選択します。

⑤ベージュ色の図形を上側にドラッグします。

※スライドの上辺に接するように移動します。

ベージュ色の図形が移動します。

---

4 タイトルの書式設定

共通のスライドマスターのタイトルのプレースホルダーに、次のような書式を設定しましょう。

フォント	：游明朝
フォントサイズ	：40ポイント
フォントの色	：白、背景1
中央揃え	
塗りつぶしの色	：茶、テキスト2、黒+基本色25%

①タイトルのプレースホルダーを選択します。

②《ホーム》タブを選択します。

③《フォント》グループの
MS ゴシック 本文 ▼(フォント) の▼をクリックします。

④《游明朝》をクリックします。

※一覧に表示されていない場合は、スクロールして調整します。

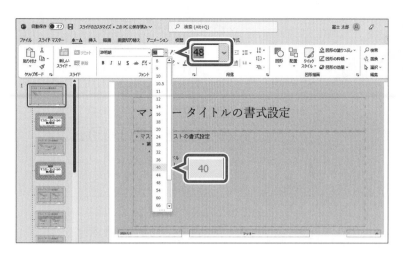

⑤《フォント》グループの 48 （フォントサイズ）の ∨ をクリックします。

⑥《40》をクリックします。

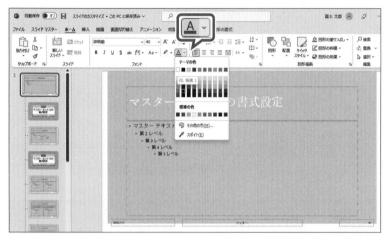

⑦《フォント》グループの A∨ （フォントの色）の ∨ をクリックします。

⑧《テーマの色》の《白、背景1》をクリックします。

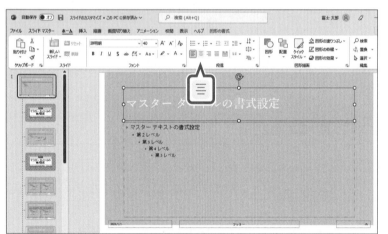

⑨《段落》グループの ≡ （中央揃え）をクリックします。

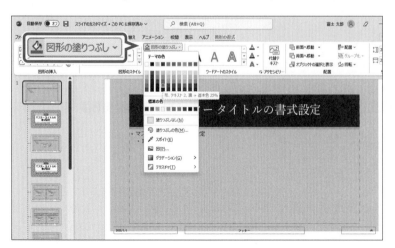

⑩《図形の書式》タブを選択します。

⑪《図形のスタイル》グループの 図形の塗りつぶし ∨ （図形の塗りつぶし）をクリックします。

⑫《テーマの色》の《茶、テキスト2、黒+基本色25%》をクリックします。

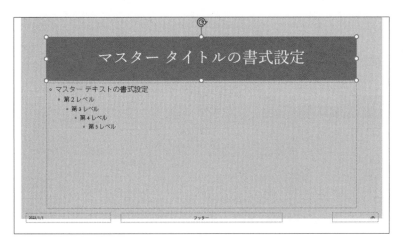

タイトルのプレースホルダーに書式が設
定されます。

5 プレースホルダーのサイズ変更

共通のスライドマスターのタイトルのプレースホルダーのサイズを調整しましょう。

①タイトルのプレースホルダーが選択さ
れていることを確認します。

②図のように、下側の〇（ハンドル）をド
ラッグしてサイズを変更します。

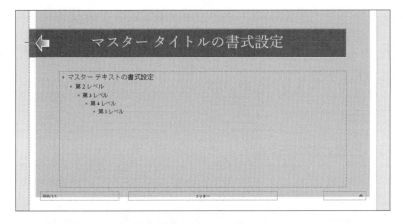

③図のように、左側の〇（ハンドル）をド
ラッグしてサイズを変更します。

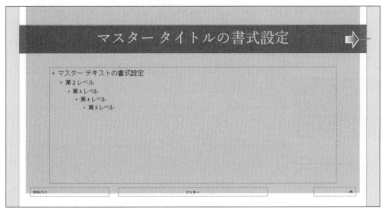

④同様に、右側の〇（ハンドル）をドラッ
グしてサイズを変更します。

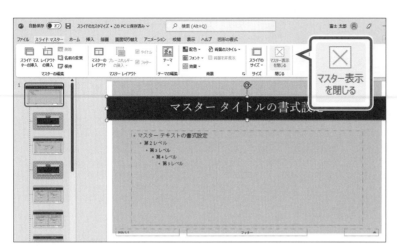

プレースホルダーのサイズが変更されます。
スライドマスターを閉じます。

⑤《スライドマスター》タブを選択します。

⑥《閉じる》グループの 🗙（マスター表示を閉じる）をクリックします。

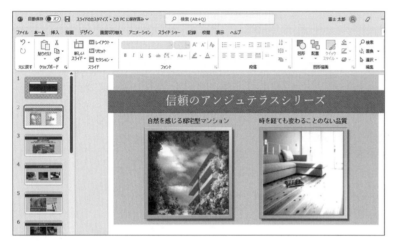

標準表示に戻ります。
スライド2以降のスライドのタイトルのデザインが変更されていることを確認します。

⑦スライド2を選択します。

※各スライドをクリックして確認しておきましょう。確認後、スライド1を選択しておきましょう。

※スライド1のタイトルのプレースホルダーのデザインは、P.135「STEP4 タイトルスライドのスライドマスターを編集する」で変更します。

6　ワードアートの作成

共通のスライドマスターに、ワードアートを使って「**エフオーエム不動産**」という会社名を挿入しましょう。
ワードアートのスタイルは「**塗りつぶし：オリーブ、アクセントカラー3；面取り（シャープ）**」にして、次のような書式を設定しましょう。

フォント	：游明朝
フォントサイズ	：16ポイント
フォントの色	：茶、テキスト2、黒+基本色50%

①《表示》タブを選択します。

②《マスター表示》グループの 🗔（スライドマスター表示）をクリックします。

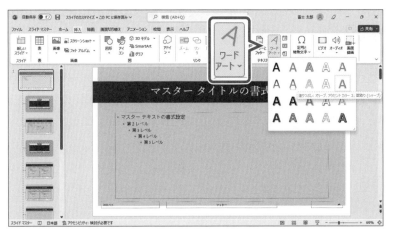

スライドマスターが表示されます。

③サムネイルの一覧から《シャボンスライドマスター：スライド1-12で使用される》を選択します。

※一覧に表示されていない場合は、上にスクロールして調整します。

④《挿入》タブを選択します。

⑤《テキスト》グループの（ワードアートの挿入）をクリックします。

⑥《塗りつぶし：オリーブ、アクセントカラー3；面取り（シャープ）》をクリックします。

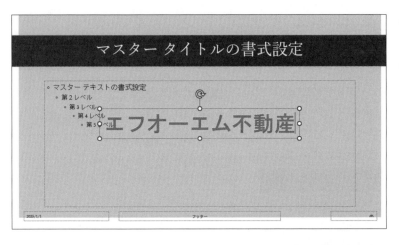

⑦《ここに文字を入力》が選択されていることを確認します。

⑧「エフオーエム不動産」と入力します。

⑨ワードアートを選択します。

⑩《ホーム》タブを選択します。

⑪《フォント》グループの MS ゴシック 本文 （フォント）の をクリックします。

⑫《游明朝》をクリックします。

⑬《フォント》グループの 54 （フォントサイズ）の をクリックします。

⑭《16》をクリックします。

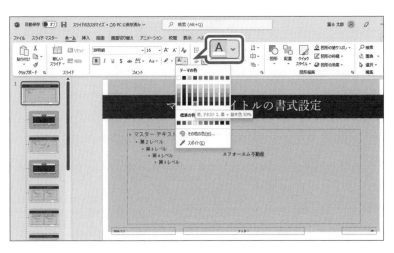

⑮《フォント》グループの A （フォントの色）の をクリックします。

⑯《テーマの色》の《茶、テキスト2、黒＋基本色50%》をクリックします。

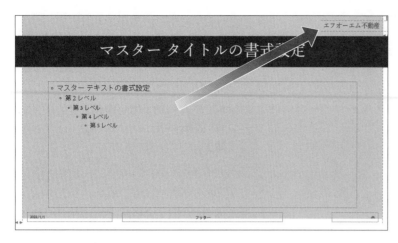

ワードアートに書式が設定されます。

⑰図のように、ワードアートをドラッグして移動します。

7 画像の挿入

共通のスライドマスターにフォルダー「**第4章**」の画像「**会社ロゴ**」を挿入しましょう。

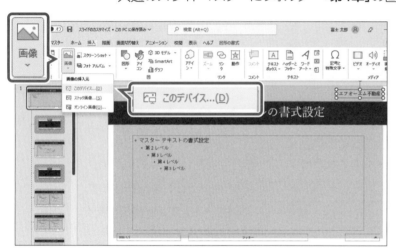

①《**挿入**》タブを選択します。

②《**画像**》グループの（画像を挿入します）をクリックします。

③《**このデバイス**》をクリックします。

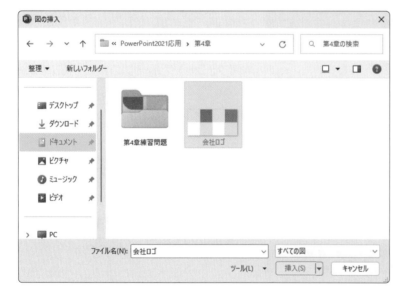

《**図の挿入**》ダイアログボックスが表示されます。

画像が保存されている場所を選択します。

④左側の一覧から《**ドキュメント**》を選択します。

⑤右側の一覧から「**PowerPoint2021応用**」を選択します。

⑥《**開く**》をクリックします。

⑦「**第4章**」を選択します。

⑧《**開く**》をクリックします。

挿入する画像を選択します。

⑨「**会社ロゴ**」を選択します。

⑩《**挿入**》をクリックします。

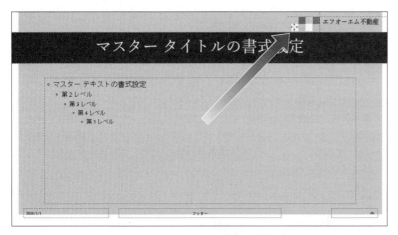

画像が挿入されます。

⑪図のように、画像をドラッグして移動します。

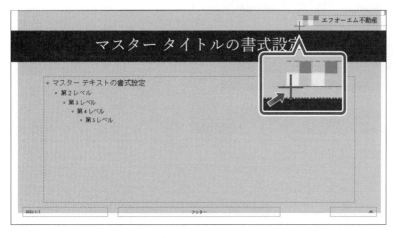

⑫図のように、画像の左下の○（ハンドル）をドラッグしてサイズを変更します。

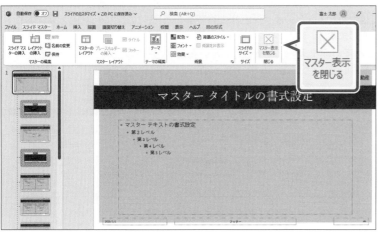

スライドマスターを閉じます。

⑬《スライドマスター》タブを選択します。

⑭《閉じる》グループの（マスター表示を閉じる）をクリックします。

標準表示に戻ります。

スライド2以降のスライドのデザインが変更されていることを確認します。

⑮スライド2を選択します。

※各スライドをクリックして確認しておきましょう。

POINT タイトルスライドの背景の表示・非表示

プレゼンテーションに適用されているテーマによっては、共通のスライドマスターに挿入したロゴや会社名などのオブジェクトがタイトルスライドに表示されないものがあります。

第4章で使用しているプレゼンテーションのテーマ「シャボン」は、共通のスライドマスターに挿入したオブジェクトがタイトルスライドに表示されないよう設定されています。

タイトルスライドの背景の表示・非表示を切り替える方法は、次のとおりです。

◆ スライドマスターを表示→サムネイルの一覧から《タイトルスライドレイアウト：スライド1で使用される》を選択→《スライドマスター》タブ→《背景》グループの《☑背景を非表示》／《☐背景を非表示》

POINT テーマのデザインのコピー

「Officeテーマ」や「イオン」、「ウィスプ」などのテーマを適用したプレゼンテーションは、共通のスライドマスターに挿入したロゴや会社名などのオブジェクトがタイトルスライドにも表示されます。

タイトルスライドにオブジェクトを表示したくない場合は、タイトルスライドの背景を非表示にします。ただし、背景を非表示にすると、ロゴや会社名などのオブジェクトだけでなく、テーマのデザインとして挿入されているオブジェクトも非表示になります。

テーマのデザインとして挿入されているオブジェクトを表示したい場合は、共通のスライドマスターから対象のオブジェクトをコピーするとよいでしょう。

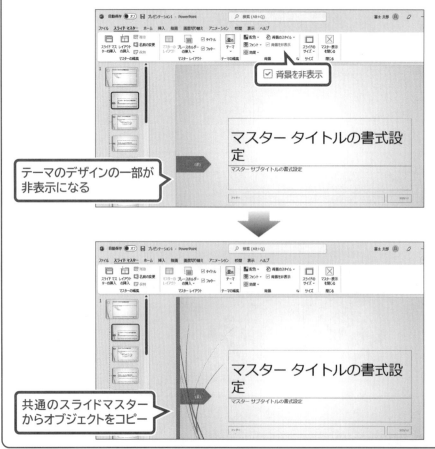

STEP 4 タイトルスライドのスライドマスターを編集する

1 タイトルスライドのスライドマスターの編集

「**タイトルスライド**」レイアウトのスライドマスターを編集すると、プレゼンテーション内のタイトルスライドのデザインを変更できます。
「**タイトルスライド**」レイアウトのスライドマスターを、次のように編集しましょう。

水色の図形と黒い枠線の削除

タイトルのプレースホルダーの塗りつぶしの色、フォント、フォントサイズの変更
サブタイトルのプレースホルダーのフォントサイズの変更

2 タイトルの書式設定

タイトルのプレースホルダーとサブタイトルのプレースホルダーに、次のような書式を設定しましょう。

● タイトルのプレースホルダー

塗りつぶしの色 ： 塗りつぶしなし フォント 　　　　：游明朝 フォントサイズ ：66ポイント

● サブタイトルのプレースホルダー

フォントサイズ ：24ポイント

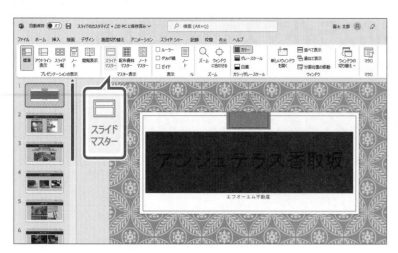

①スライド1を選択します。

②《表示》タブを選択します。

③《マスター表示》グループの ![] (スライドマスター表示) をクリックします。

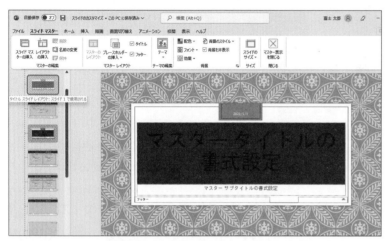

スライドマスターが表示されます。

④サムネイルの一覧から《タイトルスライドレイアウト：スライド1で使用される》が選択されていることを確認します。

※直前に表示していたスライドに適用されているレイアウトのスライドマスターが表示されます。

⑤タイトルのプレースホルダーを選択します。

⑥《図形の書式》タブを選択します。

⑦《図形のスタイル》グループの 図形の塗りつぶし (図形の塗りつぶし) をクリックします。

⑧《塗りつぶしなし》をクリックします。

⑨《**ホーム**》タブを選択します。

⑩《**フォント**》グループの
〔ＭＳ ゴシック 本文　∨〕(フォント) の ∨ を
クリックします。

⑪《**游明朝**》をクリックします。

⑫《**フォント**》グループの〔72　∨〕(フォント
サイズ) の ∨ をクリックします。

⑬《**66**》をクリックします。

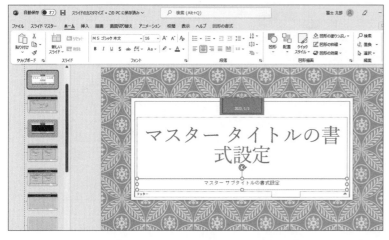

タイトルのプレースホルダーに書式が設
定されます。

⑭サブタイトルのプレースホルダーを選
択します。

⑮《**フォント**》グループの〔16　∨〕(フォント
サイズ) の ∨ をクリックします。

⑯《**24**》をクリックします。

サブタイトルのプレースホルダーに書式
が設定されます。

3 図形の削除

タイトルのプレースホルダーの上にある水色の図形と黒い枠線を削除しましょう。

①水色の図形を選択します。

②[Delete]を押します。

水色の図形が削除されます。

③黒い枠線を選択します。

④[Delete]を押します。

黒い枠線が削除されます。

スライドマスターを閉じます。

⑤《スライドマスター》タブを選択します。

⑥《閉じる》グループの（マスター表示を閉じる）をクリックします。

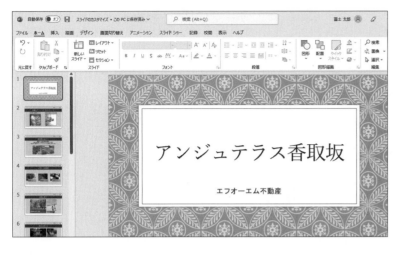

標準表示に戻ります。

⑦スライド1のデザインが変更されている
　ことを確認します。

4 テーマとして保存

スライドマスターで編集したデザインをオリジナルのテーマとして保存できます。テーマに名前を付けて保存しておくと、ほかのプレゼンテーションに適用できます。
スライドマスターで編集したデザインをテーマ「**アンジュテラスシリーズ**」として保存しましょう。

①《**デザイン**》タブを選択します。

②《**テーマ**》グループの ▽ (その他) をク
　リックします。

③《**現在のテーマを保存**》をクリックします。

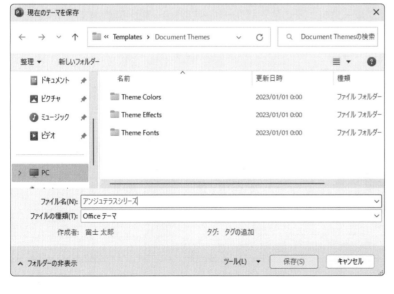

《**現在のテーマを保存**》ダイアログボックス
が表示されます。

④保存先が《**Document Themes**》に
　なっていることを確認します。

※《現在のテーマを保存》ダイアログボックスのサ
　イズによって、フォルダー名がすべて表示され
　ていない場合があります。

⑤《**ファイル名**》に「**アンジュテラスシリー
　ズ**」と入力します。

⑥《**保存**》をクリックします。

テーマが保存されます。

STEP UP　ユーザー定義のテーマの適用

保存したオリジナルのテーマをプレゼンテーションに適用する方法は、次のとおりです。
◆《デザイン》タブ→《テーマ》グループの □（その他）→《ユーザー定義》の一覧から選択

POINT　ユーザー定義のテーマの削除

保存したオリジナルのテーマを削除する方法は、次のとおりです。
◆《デザイン》タブ→《テーマ》グループの □（その他）→《ユーザー定義》の一覧から削除するテーマを右クリック→《削除》

POINT その他のマスター

プレゼンテーション全体の書式を管理するマスターには、スライドマスター以外に「配布資料マスター」と「ノートマスター」があります。

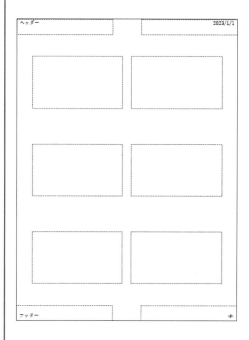

●配布資料マスター

配布資料として印刷するときのデザインを管理するマスターです。ページの向きやヘッダー／フッター、背景などを設定できます。

配布資料マスターを表示する方法は、次のとおりです。

◆《表示》タブ→《マスター表示》グループの ▦ (配布資料マスター表示)

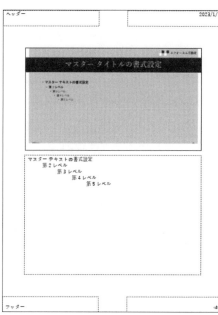

●ノートマスター

ノートとして印刷するときのデザインを管理するマスターです。ページの向きやヘッダー／フッター、背景などを設定できます。

ノートマスターを表示する方法は、次のとおりです。

◆《表示》タブ→《マスター表示》グループの ▦ (ノートマスター表示)

STEP 5 ヘッダーとフッターを挿入する

1 作成するスライドの確認

次のようなスライドを作成しましょう。

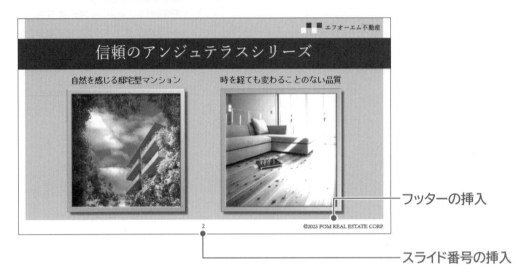

フッターの挿入

スライド番号の挿入

2 ヘッダーとフッターの挿入

「**ヘッダー**」はスライド上部の領域、「**フッター**」はスライド下部の領域のことです。すべてのスライドに共通して表示したい日付や会社名、クレジット表記、スライド番号などを設定できます。タイトルスライド以外のすべてのスライドのフッターに「**©2023 FOM REAL ESTATE CORP.**」と、スライド番号を挿入しましょう。

①《**挿入**》タブを選択します。
②《**テキスト**》グループの (ヘッダーとフッター) をクリックします。

《ヘッダーとフッター》ダイアログボックス
が表示されます。

③《スライド》タブを選択します。

④《スライド番号》を☑にします。

⑤《フッター》を☑にして、「©2023 FOM
　REAL ESTATE CORP.」と入力します。

※「©」は、「c」と入力して変換します。
※英数字は半角で入力します。

⑥《タイトルスライドに表示しない》を☑に
　します。

⑦《すべてに適用》をクリックします。

⑧タイトルスライド以外のスライドに、スラ
　イド番号とフッターが挿入されている
　ことを確認します。

3 ヘッダーとフッターの編集

ヘッダーとフッターに挿入した文字やスライド番号は、各スライド上で直接編集できます。すべてのスライドのヘッダーやフッターを編集する場合は、スライドマスターを使うとまとめて編集できます。
共通のスライドマスターのフッターとスライド番号のプレースホルダーに、次のような書式を設定し、表示位置を調整しましょう。

●フッター「©2023 FOM REAL ESTATE CORP.」のプレースホルダー

右揃え **フォントサイズ：14ポイント**

●スライド番号のプレースホルダー

中央揃え **フォントサイズ：16ポイント**

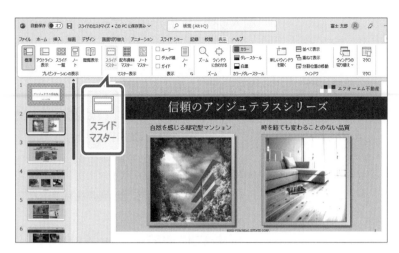

① 《表示》タブを選択します。
② 《マスター表示》グループの ▭ (スライ
　ドマスター表示) をクリックします。

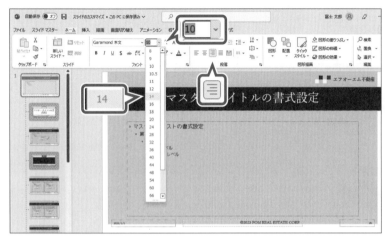

スライドマスターが表示されます。
③ サムネイルの一覧から《シャボンスライド
　マスター：スライド1-12で使用される》
　を選択します。
※一覧に表示されていない場合は、上にスクロー
　ルして調整します。
④ 「©2023 FOM REAL ESTATE CORP.」
　のプレースホルダーを選択します。
⑤ 《ホーム》タブを選択します。
⑥ 《段落》グループの ▤ (右揃え) をク
　リックします。
⑦ 《フォント》グループの [10 ▾] (フォント
　サイズ) の ▾ をクリックします。
⑧ 《14》をクリックします。

⑨ 図のように、「©2023 FOM REAL
　ESTATE CORP.」のプレースホルダー
　をドラッグして移動します。

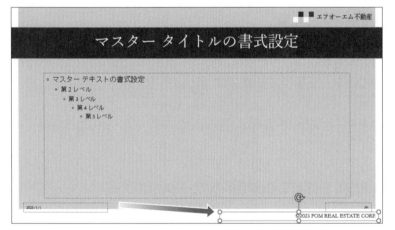

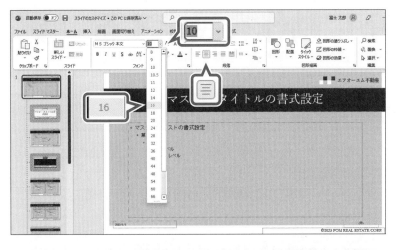

⑩「〈#〉」のプレースホルダーを選択します。

※スライド番号のプレースホルダーには、「〈#〉」が表示されています。

⑪《段落》グループの ≡ (中央揃え) をクリックします。

⑫《フォント》グループの 10 ▾ (フォントサイズ) の ▾ をクリックします。

⑬《16》をクリックします。

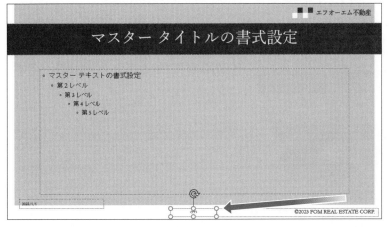

⑭図のように、「〈#〉」のプレースホルダーをドラッグして移動します。

スライドマスターを閉じます。

⑮《スライドマスター》タブを選択します。

⑯《閉じる》グループの (マスター表示を閉じる) をクリックします。

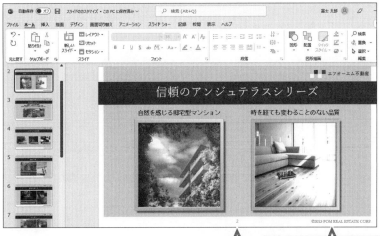

標準表示に戻ります。

⑰タイトルスライド以外のスライドのスライド番号とフッターの書式と位置が変更されていることを確認します。

STEP 6 オブジェクトに動作を設定する

1 オブジェクトの動作設定

別のスライドにジャンプしたり、別のファイルを表示したり、Webサイトを表示したりするなどの動作をスライド上の画像や図形などのオブジェクトに設定することができます。

スライド4のSmartArtグラフィック内の中央の画像をクリックすると、スライド6にジャンプするように設定しましょう。

①スライド4を選択します。

②中央の画像を選択します。

③《挿入》タブを選択します。

④《リンク》グループの（動作）をクリックします。

《オブジェクトの動作設定》ダイアログボックスが表示されます。

⑤《マウスのクリック》タブを選択します。

⑥《ハイパーリンク》を◉にします。

⑦⌄をクリックし、一覧から《スライド》を選択します。

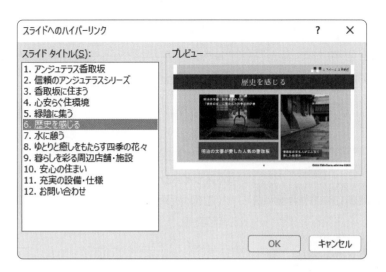

《スライドへのハイパーリンク》ダイアログ
ボックスが表示されます。

⑧《スライドタイトル》の一覧から「6.歴史
を感じる」を選択します。

⑨《OK》をクリックします。

《オブジェクトの動作設定》ダイアログボッ
クスに戻ります。

⑩《OK》をクリックします。

(STEP UP) **その他の方法（オブ
ジェクトの動作設定）**

◆《挿入》タブ→《リンク》グループの 🖉 (ハイパー
リンクの追加)→《このドキュメント内》→《ド
キュメント内の場所》の一覧からスライドを選択

※お使いの環境によっては、《ハイパーリンクの追
加》が《リンク》と表示されている場合があります。

POINT 《オブジェクトの動作設定》ダイアログボックス

《オブジェクトの動作設定》ダイアログボックスの《マウスのクリック》タブでは、次のような設定ができます。

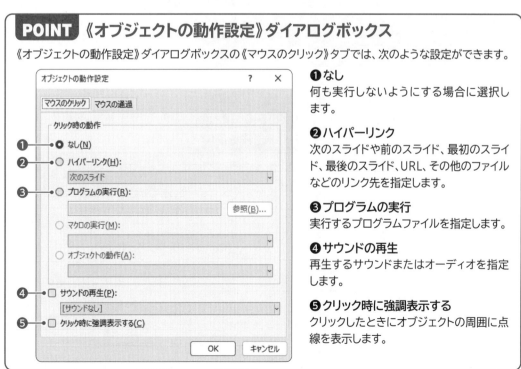

❶ **なし**
何も実行しないようにする場合に選択し
ます。

❷ **ハイパーリンク**
次のスライドや前のスライド、最初のスライ
ド、最後のスライド、URL、その他のファイル
などのリンク先を指定します。

❸ **プログラムの実行**
実行するプログラムファイルを指定します。

❹ **サウンドの再生**
再生するサウンドまたはオーディオを指定
します。

❺ **クリック時に強調表示する**
クリックしたときにオブジェクトの周囲に点
線を表示します。

1

2

3

4

5

6

7

8

総合問題

索引

147

2 動作の確認

スライドショーを実行し、スライド4の画像に設定したリンクを確認しましょう。

① スライド4が選択されていることを確認します。
② 《スライドショー》タブを選択します。
③ 《スライドショーの開始》グループの（このスライドから開始）をクリックします。

スライドショーが実行されます。
④ 中央の画像をポイントします。
マウスポインターの形が🖑に変わります。
⑤ クリックします。

スライド6が表示されます。
※ Esc を押して、スライドショーを終了しておきましょう。

STEP 7 動作設定ボタンを作成する

1 動作設定ボタン

「**動作設定ボタン**」とは、プレゼンテーション内の別のスライドにジャンプしたり、別のファイルを開いたりすることができるボタンのことです。◀（戻る/前へ）や▶（進む/次へ）、🏠（ホームへ移動）などのボタンを作成することができます。

●動作設定ボタン

2 動作設定ボタンの作成

スライド6に、スライド4へ戻る動作設定ボタンを作成しましょう。

①スライド6を選択します。

②《挿入》タブを選択します。

③《図》グループの（図形）をクリックします。

④《動作設定ボタン》の（動作設定ボタン：戻る）をクリックします。

※一覧に表示されていない場合は、スクロールして調整します。

⑤図のようにドラッグします。

動作設定ボタンが作成され、《オブジェクトの動作設定》ダイアログボックスが表示されます。

⑥《マウスのクリック》タブを選択します。

⑦《ハイパーリンク》を◉にします。

⑧ ▾ をクリックし、一覧から《スライド》を選択します。

《スライドへのハイパーリンク》ダイアログボックスが表示されます。

⑨《スライドタイトル》の一覧から「4.心安らぐ住環境」を選択します。

⑩《OK》をクリックします。

《オブジェクトの動作設定》ダイアログボックスに戻ります。

⑪《OK》をクリックします。

動作設定ボタンが作成されます。

STEP UP **動作設定ボタンの編集**

動作設定ボタンに設定された内容は、あとから変更できます。
設定内容を変更する方法は、次のとおりです。
◆動作設定ボタンを右クリック→《リンクの編集》

---

3 動作の確認

スライドショーを実行し、スライド6に作成した動作設定ボタンのリンクを確認しましょう。

①スライド6が選択されていることを確認
します。
②《スライドショー》タブを選択します。
③《スライドショーの開始》グループの
（このスライドから開始）をクリックし
ます。

スライドショーが実行されます。
④動作設定ボタンをポイントします。
マウスポインターの形が🖑に変わります。
⑤クリックします。

スライド4が表示されます。

※[Esc]を押して、スライドショーを終了しておきましょう。

 et's Try

ためしてみよう

次のようにスライドを編集しましょう。

①スライド4のSmartArtグラフィック内の残りの2つの画像に、クリックするとそれぞれリンク先にジャンプするように設定しましょう。

画像の位置	リンク先
左側	スライド5
右側	スライド7

②スライド6に作成した動作設定ボタンを、スライド5とスライド7にコピーしましょう。

③スライドショーを実行し、①と②で設定したリンクを確認しましょう。

Let's Try Answer

①

①スライド4を選択

②左側の画像を選択

③《挿入》タブを選択

④《リンク》グループの（動作）をクリック

⑤《マウスのクリック》タブを選択

⑥《ハイパーリンク》を⦿にする

⑦⌄をクリックし、一覧から《スライド》を選択

⑧《スライドタイトル》の一覧から「5.緑陰に集う」を選択

⑨《OK》をクリック

⑩《OK》をクリック

⑪同様に、右側の画像にリンクを設定

②

①スライド6を選択

②動作設定ボタンを選択

③《ホーム》タブを選択

④《クリップボード》グループの（コピー）をクリック

⑤スライド5を選択

⑥《クリップボード》グループの（貼り付け）をクリック

⑦スライド7を選択

⑧《クリップボード》グループの（貼り付け）をクリック

③

①スライド4を選択

②《スライドショー》タブを選択

③《スライドショーの開始》グループの（このスライドから開始）をクリック

④左側の画像をクリック

⑤スライド5の動作設定ボタンをクリック

⑥スライド4の右側の画像をクリック

⑦スライド7の動作設定ボタンをクリック

※[Esc]を押して、スライドショーを終了しておきましょう。

※プレゼンテーションに「スライドのカスタマイズ完成」と名前を付けて、フォルダー「第4章」に保存し、閉じておきましょう。

練習問題

PDF 標準解答 ▶ P.7

あなたは、日本文化体験教室をPRし、参加者を募集するためのプレゼンテーション資料を作成しています。
完成図のようなプレゼンテーションを作成しましょう。

File OPEN » フォルダー「第4章練習問題」のプレゼンテーション「第4章練習問題」を開いておきましょう。
※自動保存がオンになっている場合は、オフにしておきましょう。

●完成図

1枚目

2枚目
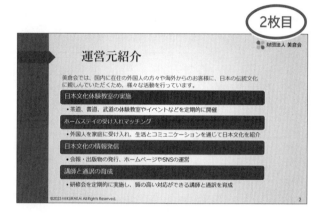

3枚目

4枚目
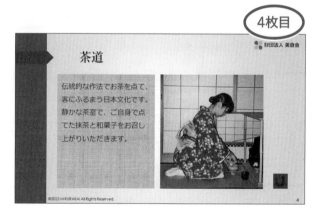

5枚目
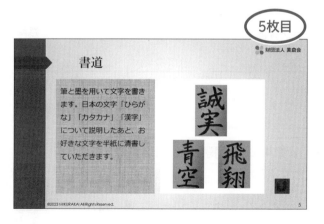

6枚目

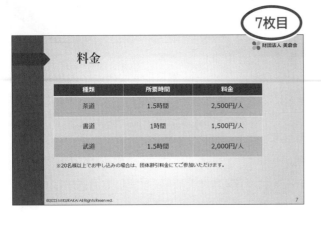
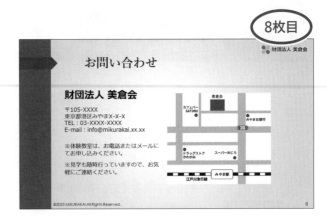

① スライドマスターを表示しましょう。

② 共通のスライドマスターのタイトルに、次のような書式を設定しましょう。

フォント	：游明朝Demibold
フォントサイズ	：40ポイント

③ 共通のスライドマスターにある弧状の図形を削除しましょう。
次に、長方形のサイズを変更しましょう。

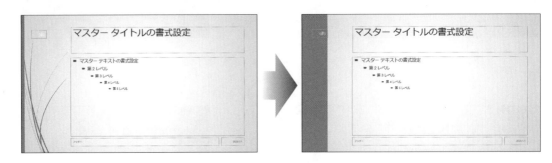

HINT 弧状の図形は、濃い色と薄い色の2つの弧状の図形で構成されています。図形を削除するには、濃い色と薄い色の弧状の図形をそれぞれ削除します。

④ 共通のスライドマスターに、ワードアートを使って「**財団法人␣美倉会**」を作成しましょう。ワードアートのスタイルは、「**塗りつぶし：オリーブ、アクセントカラー4；面取り（ソフト）**」にします。

※␣は半角空白を表します。

⑤ ④で作成したワードアートに、次のような書式を設定しましょう。次に、完成図を参考に、ワードアートの位置を調整しましょう。

フォントサイズ	：16ポイント
フォントの色	：黒、テキスト1

⑥ 共通のスライドマスターに、フォルダー「**第4章練習問題**」の画像「**ロゴ**」を挿入しましょう。次に、完成図を参考に、画像の位置とサイズを調整しましょう。

⑦ タイトルスライドのスライドマスターにあるタイトルのフォントサイズを「**60**」ポイントに変更しましょう。

⑧ タイトルスライドのスライドマスターにあるサブタイトルのフォントサイズを「**24**」ポイントに変更し、右揃えにしましょう。

⑨ タイトルスライドのスライドマスターにあるワードアートとロゴがタイトルスライドに表示されないように、背景を非表示にしましょう。

(HINT) タイトルスライドに表示されないようにするには、《スライドマスター》タブ→《背景》グループを使います。

⑩ タイトルスライドのスライドマスターに、共通のスライドマスターにある長方形をコピーしましょう。次に、コピーした長方形を最背面に移動しましょう。

⑪ スライドマスターを閉じましょう。

⑫ スライドマスターで編集したデザインをテーマ「**美倉会**」として保存しましょう。

⑬ タイトルスライド以外のすべてのスライドのフッターに「**©2023 MIKURAKAI All Rights Reserved.**」と、スライド番号を挿入しましょう。

※「©」は、「c」と入力して変換します。
※英数字は半角で入力します。

⑭ スライドマスターを表示し、共通のスライドマスターにあるフッターに、次のような書式を設定しましょう。
次に、フッターの位置を調整しましょう。

フォントの色 　：黒、テキスト1
フォントサイズ ：12ポイント

⑮ 共通のスライドマスターにあるスライド番号に、次のような書式を設定しましょう。
次に、スライド番号の位置を調整し、スライドマスターを閉じましょう。

フォントの色 : 黒、テキスト1	
フォントサイズ : 16ポイント	

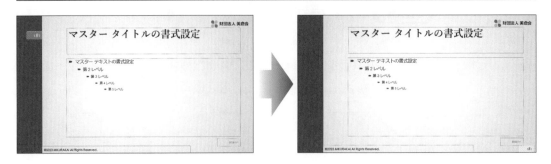

⑯ スライド3のSmartArtグラフィック内の画像に、クリックするとそれぞれリンク先にジャンプするように設定しましょう。

画像	リンク先
茶道	スライド4
書道	スライド5
武道	スライド6

⑰ 完成図を参考に、スライド4からスライド6に、スライド3に戻る動作設定ボタンを作成しましょう。

⑱ スライドショーを実行し、スライド3からスライド6に設定したリンクを確認しましょう。

※プレゼンテーションに「第4章練習問題完成」と名前を付けて、フォルダー「第4章練習問題」に保存し、閉じておきましょう。

第5章

5

ほかのアプリとの連携

第5章 | この章で学ぶこと

この章で学ぶこと
学習前に習得すべきポイントを理解しておき、
学習後には確実に習得できたかどうかを振り返りましょう。

1 作成するプレゼンテーションの確認

次のようなプレゼンテーションを作成しましょう。

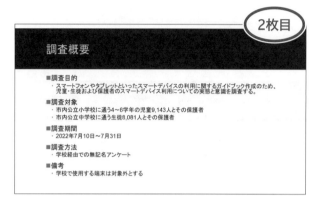

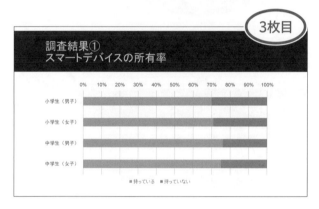

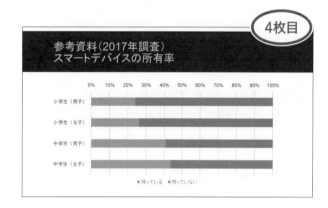

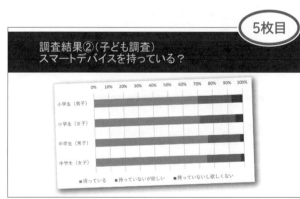

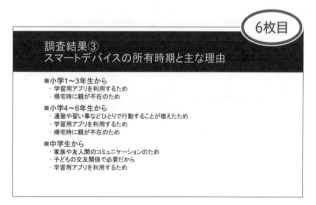

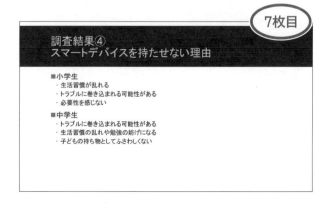

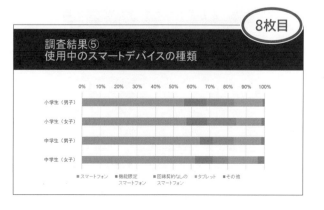

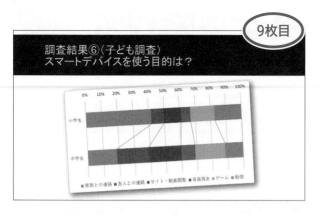

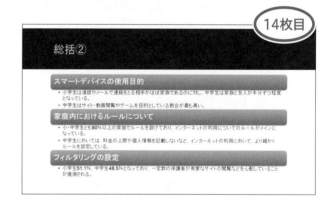

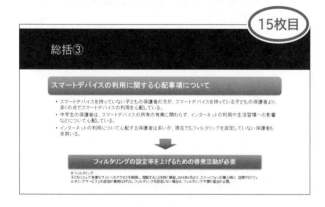

STEP 2 Wordのデータを利用する

1 作成するスライドの確認

Word文書を利用して、次のようなスライドを作成しましょう。

● Word文書「調査結果」

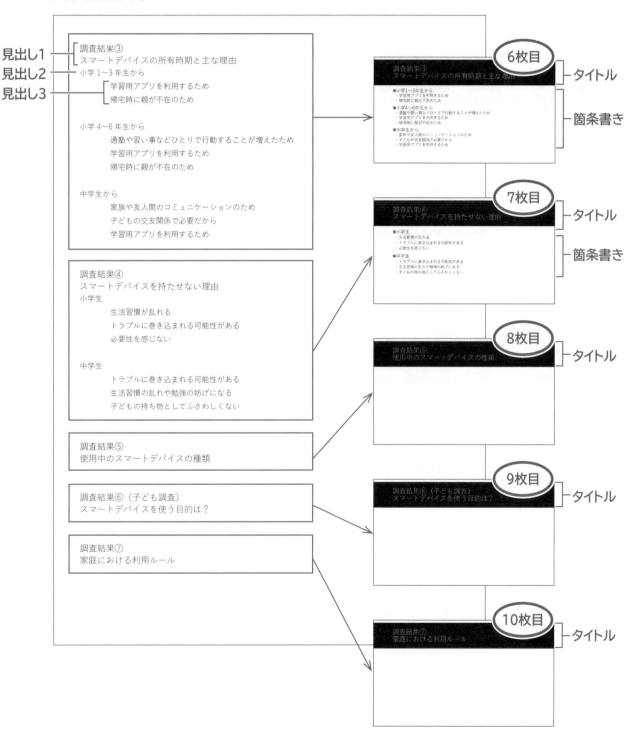

2　Word文書の挿入

Wordで作成した文書を挿入して、PowerPointのスライドを作成できます。
Word文書をスライドとして利用する手順は、次のとおりです。

1　Wordでスタイルを設定

スライドのタイトルにしたい段落に「見出し1」、箇条書きテキストにしたい段落に「見出し2」から「見出し9」のスタイルを設定します。

2　PowerPointにWord文書を挿入

PowerPointにWord文書を挿入します。

3　アウトラインからスライド

スライド5の後ろに、Word文書**「調査結果」**を挿入しましょう。
※Word文書「調査結果」には、見出し1から見出し3までのスタイルが設定されています。

»　**フォルダー「第5章」のプレゼンテーション「ほかのアプリとの連携」を開いておきましょう。**
※自動保存がオンになっている場合は、オフにしておきましょう。

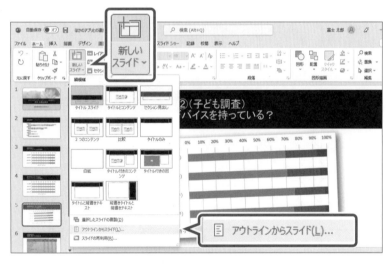

① スライド5を選択します。

② 《**ホーム**》タブを選択します。

③ 《**スライド**》グループの （新しいスライド）の ［新しいスライド］ をクリックします。

④ 《**アウトラインからスライド**》をクリックします。

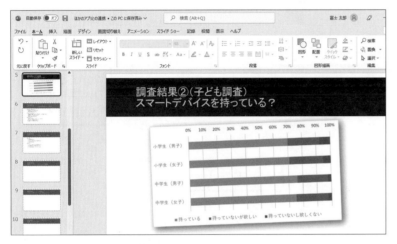

《アウトラインの挿入》ダイアログボックスが表示されます。
Word文書が保存されている場所を選択します。

⑤左側の一覧から《ドキュメント》を選択します。

⑥右側の一覧から「PowerPoint2021応用」を選択します。

⑦《開く》をクリックします。

⑧「第5章」を選択します。

⑨《開く》をクリックします。

⑩「調査結果」を選択します。

⑪《挿入》をクリックします。

スライド5の後ろに、スライド6からスライド10が挿入されます。

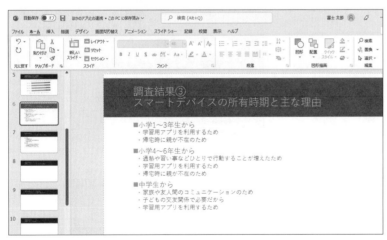

⑫スライド6を選択します。

⑬Word文書の内容が表示されていることを確認します。

※同様に、その他のスライドの内容を確認しておきましょう。

4　スライドのリセット

Word文書を挿入して作成したスライドには、Word文書で設定した書式がそのまま適用されています。
作成中のプレゼンテーションに適用されているテーマの書式にそろえるためには、スライドを**「リセット」**します。スライドをリセットすると、プレースホルダーの位置やサイズ、書式などがプレゼンテーションのテーマの設定に変更されます。

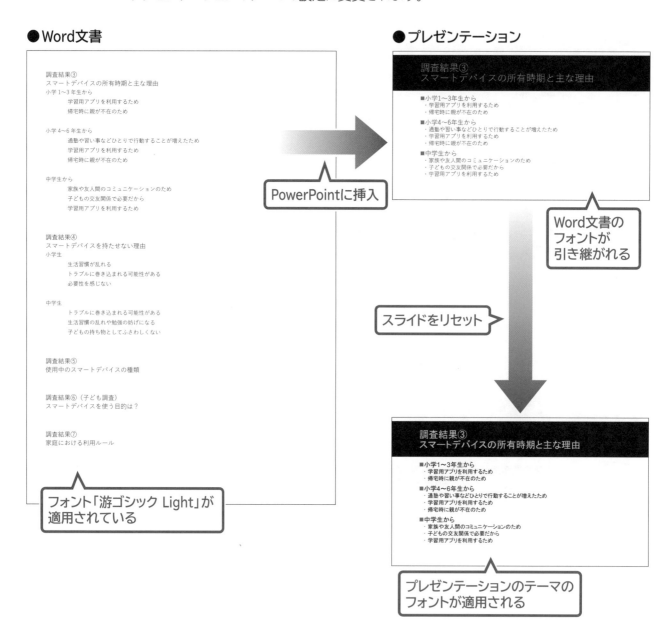

●Word文書

●プレゼンテーション

PowerPointに挿入

Word文書の
フォントが
引き継がれる

スライドをリセット

フォント「游ゴシック Light」が
適用されている

プレゼンテーションのテーマの
フォントが適用される

1 現在のテーマのフォントの確認

プレゼンテーション「**ほかのアプリとの連携**」には、テーマ「**縞模様**」が適用されていますが、テーマのフォントは「**Arial　MSPゴシック　MSPゴシック**」に変更されています。
プレゼンテーションに適用されているテーマのフォントを確認しましょう。

①《**デザイン**》タブを選択します。
②《**バリエーション**》グループの ▼ (その他) をクリックします。

③《**フォント**》をポイントします。
④《**Arial　MSPゴシック　MSPゴシック**》が選択されていることを確認します。

2 スライドのリセット

スライド6からスライド10は、Word文書「**調査結果**」のフォント「**游ゴシック　Light**」が引き継がれています。
スライド6からスライド10をリセットしましょう。

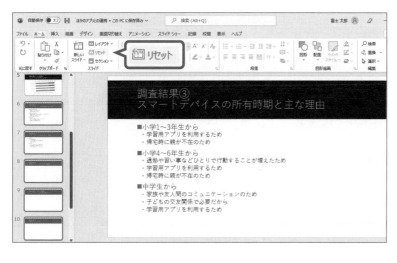

①スライド6を選択します。
②[Shift]を押しながら、スライド10を選択します。
5枚のスライドが選択されます。
③《**ホーム**》タブを選択します。
④《**スライド**》グループの [リセット] (リセット) をクリックします。

調査結果③
スマートデバイスの所有時期と主な理由

■小学1～3年生から
・学習用アプリを利用するため
・帰宅時に親が不在のため

■小学4～6年生から
・通塾や習い事などひとりで行動することが増えたため
・学習用アプリを利用するため
・帰宅時に親が不在のため

■中学生から
・家族や友人間のコミュニケーションのため
・子どもの交友関係で必要だから
・学習用アプリを利用するため

スライドがリセットされ、スライド内の
フォントがテーマのフォントに変わります。

※挿入したその他のスライドのフォントを確認して
おきましょう。

Let's Try　ためしてみよう

次のようにスライドを編集しましょう。

①スライド8からスライド10の3枚のスライドのレイアウトを「タイトルのみ」に変更しましょう。

②スライド11とスライド12のタイトルを次のように編集しましょう。

●スライド11
　「調査結果③」を「調査結果⑧」に変更
●スライド12
　「調査結果④」を「調査結果⑨」に変更

スライド11

スライド12

Answer Let's Try

①

①スライド8を選択
②[Shift]を押しながら、スライド10を選択
③《ホーム》タブを選択
④《スライド》グループの[レイアウト▼]（スライドのレイアウト）をクリック
⑤《タイトルのみ》をクリック

②

①スライド11を選択
②タイトルの「調査結果③」を「調査結果⑧」に変更
③スライド12を選択
④タイトルの「調査結果④」を「調査結果⑨」に変更

Excelのデータを利用する

作成するスライドの確認

次のようなスライドを作成しましょう。

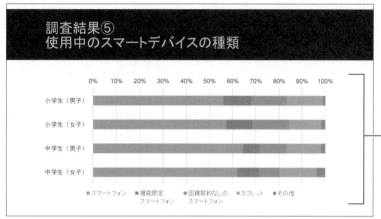

貼り付け先のテーマを
使用してリンク貼り付け

リンクの確認

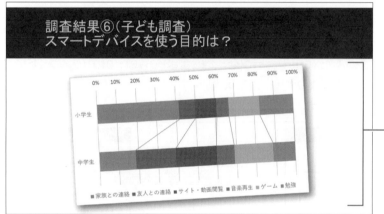

図として貼り付け

図のスタイルの適用

調査結果⑦
家庭における利用ルール

ルール	小学生	中学生
利用する時間を決めている	38.2%	28.3%
利用するサイトやアプリを決めている	12.3%	19.4%
利用する場所を決めている	4.2%	2.1%
通話やコミュニケーションの相手を限定している	35.7%	11.7%
アプリの利用料金や課金の利用方法を決めている	3.3%	12.3%
個人情報を書き込まない・教えない	2.0%	19.7%
過激な発言・誹謗中傷をSNSに書き込まない	3.4%	4.6%
その他	0.9%	1.9%

貼り付け先のスタイルを
使用して貼り付け

表の書式設定

2 Excelのデータの貼り付け

Excelで作成した表やグラフをコピーしてPowerPointのスライドに利用できます。Excelの
データを貼り付ける方法には大きく分けて**「貼り付け」「図として貼り付け」「リンク貼り付け」**
があり、あとからそのデータを修正・加工するかどうかによって、貼り付け方法を決めると
よいでしょう。
Excelのデータをスライドに貼り付ける場合は、[貼り付け] (貼り付け) を使います。

●Excelのグラフを貼り付ける場合　　　●Excelの表を貼り付ける場合

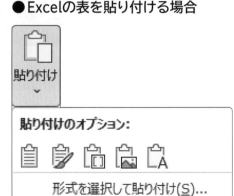

1 貼り付け

「貼り付け」とは、Excelのデータを、そのままPowerPointのスライドに埋め込むことです。
PowerPointで編集が可能なため、貼り付け後にデータを修正したり体裁を整えたりしたい
場合などに便利です。

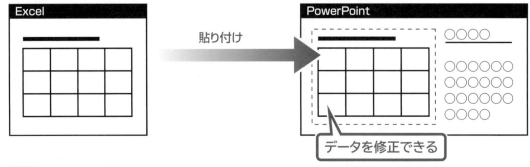

2 図として貼り付け

「図として貼り付け」とは、Excelのデータを、図としてPowerPointのスライドに埋め込むことで
す。PowerPointではデータや体裁を修正することができませんが、Excelで表示された状態
を崩さずに拡大・縮小して使用したい場合などに便利です。

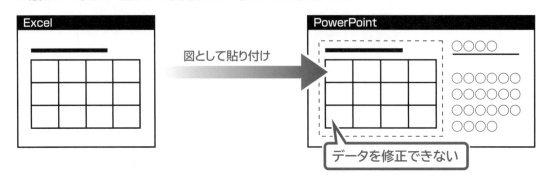

3 リンク貼り付け

「リンク貼り付け」とは、ExcelとPowerPointの2つのデータを関連付け、参照関係（リンク）を作る方法です。Excelでデータを修正すると、自動的にPowerPointのスライドに反映されます。

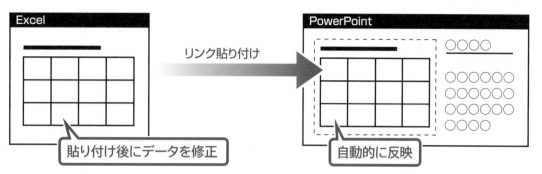

※リンク元のファイルがOneDriveと同期されているフォルダーに保存されていると、リンクの情報が正しく保存されず、リンク元のファイルが参照できなくなる場合があります。
詳細については、P.174「POINT リンク元ファイルが開いていない状態でのデータ修正」および「STEP UP リンクの編集」を参照してください。

STEP UP アプリ間のデータ連携

貼り付け、図として貼り付け、リンク貼り付けは、ExcelとPowerPoint間に限らず、WordとPowerPoint、ExcelとWordなど、ほかのアプリ間でも同様に操作できます。

---

3 Excelのグラフの貼り付け方法

Excelのグラフをスライドに貼り付ける方法には、次のような種類があります。

ボタン	ボタンの名前	説明
	貼り付け先のテーマを使用しブックを埋め込む	Excelで設定した書式を削除し、プレゼンテーションに設定されているテーマで埋め込みます。
	元の書式を保持しブックを埋め込む	Excelで設定した書式のまま、スライドに埋め込みます。
	貼り付け先テーマを使用しデータをリンク	Excelで設定した書式を削除し、プレゼンテーションに設定されているテーマで、Excelデータと連携された状態（リンク）で貼り付けます。
	元の書式を保持しデータをリンク	Excelで設定した書式のまま、Excelデータと連携された状態（リンク）で貼り付けます。
	図	Excelで設定した書式のまま、図として貼り付けます。 ※図（画像）としての扱いになるため、データの修正はできなくなります。

4 Excelのグラフのリンク

スライド8にExcelブック「**調査結果データ①**」のシート「**調査結果⑤**」のグラフを、貼り付け先の
テーマを使用してリンク貼り付けしましょう。

» File OPEN フォルダー「第5章」のExcelブック「調査結果データ①」のシート「調査結果⑤」を開いておきま
しょう。

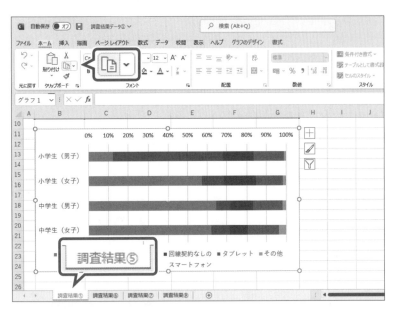

①Excelブック「**調査結果データ①**」のシー
ト「**調査結果⑤**」が開いていることを確
認します。

②グラフを選択します。

③《**ホーム**》タブを選択します。

④《**クリップボード**》グループの (コ
ピー) をクリックします。

グラフがコピーされます。

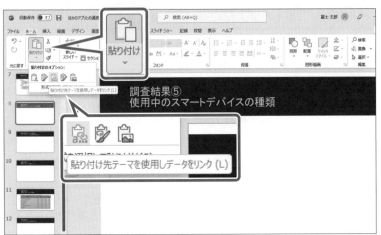

⑤作成中のプレゼンテーション「**ほかのア
プリとの連携**」に切り替えます。

※タスクバーのPowerPointのアイコンをクリック
すると、表示が切り替わります。

⑥スライド8を選択します。

グラフを貼り付けます。

⑦《**ホーム**》タブを選択します。

⑧《**クリップボード**》グループの (貼り
付け) の をクリックします。

⑨ (貼り付け先テーマを使用しデータ
をリンク) をクリックします。

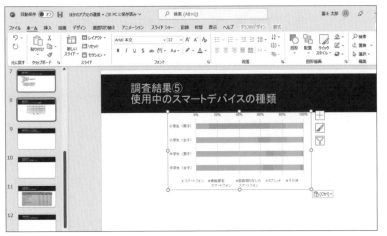

グラフが貼り付けられ、貼り付け先の
テーマが適用されます。

※お使いの環境によっては、《**デザイナー**》作業
ウィンドウが表示されることがあります。その場
合は、 × (閉じる)をクリックして閉じておきま
しょう。

リボンに《**グラフのデザイン**》タブと《**書
式**》タブが表示されます。

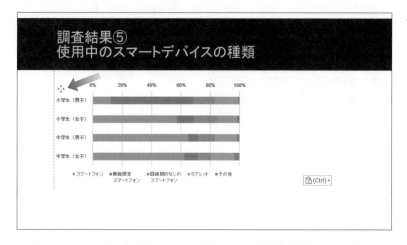

⑩図のように、グラフをドラッグして移動
　します。

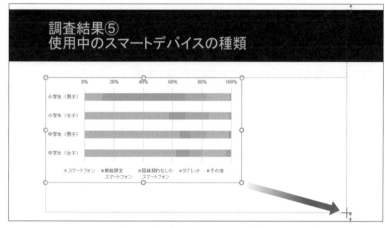

⑪図のように、グラフの〇（ハンドル）を
　ドラッグしてサイズを変更します。

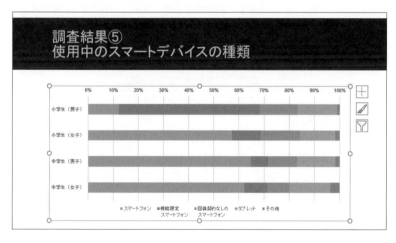

グラフのサイズが変更されます。

Let's Try ためしてみよう

次のようにスライドを編集しましょう。

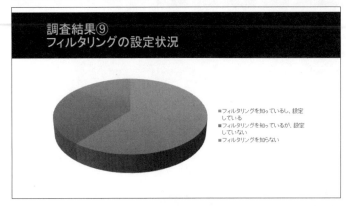

① スライド12にExcelブック「調査結果データ①」のシート「調査結果⑨」のグラフを、貼り付け先のテーマを使用し埋め込みましょう。
② スライド8とスライド12のグラフのフォントサイズを、「16」ポイントに設定しましょう。
　次に、完成図を参考に、スライド12のグラフの位置とサイズを調整しましょう。

Let's Try Answer

①

① Excelブック「調査結果データ①」に切り替え
② シート「調査結果⑨」のシート見出しをクリック
③ グラフを選択
④ 《ホーム》タブを選択
⑤ 《クリップボード》グループの 🗐 (コピー)をクリック
⑥ 作成中のプレゼンテーション「ほかのアプリとの連携」に切り替え
⑦ スライド12を選択
⑧ 《ホーム》タブを選択
⑨ 《クリップボード》グループの 🗐 (貼り付け)の ⌄ をクリック
⑩ 🗐 (貼り付け先のテーマを使用しブックを埋め込む)をクリック

②

① スライド8を選択
② グラフを選択
③ 《ホーム》タブを選択
④ 《フォント》グループの [12 ⌄] (フォントサイズ)の ⌄ をクリック
⑤ 《16》をクリック
⑥ 同様に、スライド12のグラフのフォントサイズを変更
⑦ グラフをドラッグして移動
⑧ グラフの○(ハンドル)をドラッグしてサイズ変更

POINT　埋め込んだグラフのデータ修正

🗐 (貼り付け先のテーマを使用しブックを埋め込む)や 🗐 (元の書式を保持しブックを埋め込む)を使って、スライドに埋め込んだグラフを修正する方法は、次のとおりです。

◆ グラフを選択→《グラフのデザイン》タブ→《データ》グループの 🗐 (データを編集します)

※データの編集で表示されるExcelブックは、もとのExcelブックではありません。タイトルバーに《Microsoft PowerPoint内のグラフ》と表示されます。

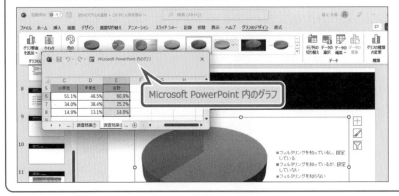

5 リンクの確認

スライド8のグラフは、Excelブック**「調査結果データ①」**のシート**「調査結果⑤」**のデータにリンクしています。そのため、Excelブックのデータを修正するとスライド8にも修正が反映されます。Excelのデータを次のように修正し、スライドに反映されることを確認しましょう。

小学生（男子）のスマートフォン ：12.2%→56.0%に修正
小学生（男子）の機能限定スマートフォン ：56.0%→12.2%に修正

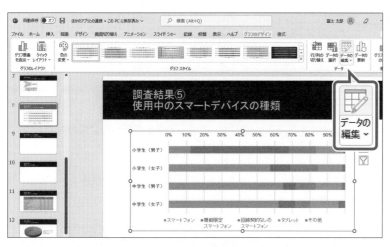

①スライド8を選択します。

②グラフを選択します。

③《グラフのデザイン》タブを選択します。

④《データ》グループの [📊] （データを編集します）をクリックします。

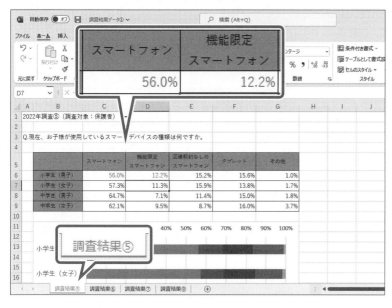

Excelブック**「調査結果データ①」**が表示されます。

⑤シート**「調査結果⑤」**のシート見出しをクリックします。

データを修正します。

⑥セル**【C6】**を**「56.0%」**に修正します。

⑦セル**【D6】**を**「12.2%」**に修正します。

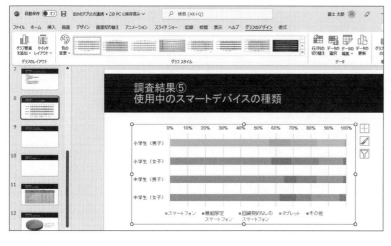

⑧作成中のプレゼンテーション**「ほかのアプリとの連携」**に切り替えます。

※タスクバーのPowerPointのアイコンをクリックすると、表示が切り替わります。

⑨スライド8のグラフに修正が反映されていることを確認します。

POINT リンク元ファイルが開いていない状態でのデータ修正

リンク貼り付けを行ったあと、リンク元のExcelブックを開いていない状態で 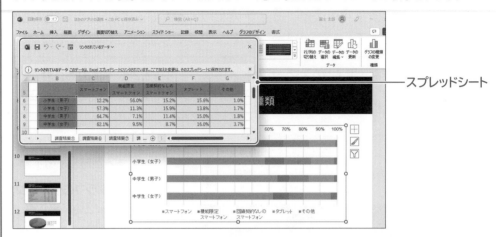（データを編集します）をクリックすると、リボンが表示されない「スプレッドシート」と呼ばれるワークシートが表示されます。

スプレッドシート上でもデータを修正できますが、Excelのリボンを使って修正を行いたい場合は、Excelブックを表示します。

Excelブックを表示してデータを編集する方法は、次のとおりです。

◆《グラフのデザイン》タブ→《データ》グループの（データを編集します）→《Excelでデータを編集》

◆スプレッドシートのタイトルバーの（Microsoft Excelでデータを編集）

※リンク元のファイルがOneDriveと同期されているフォルダーに保存されていると、リンクの情報が正しく保存されず、リンク元のファイルが参照できなくなる場合があります。リンク元のファイルは、ローカルディスクやUSBドライブなど、OneDriveと同期していない場所に保存するようにします。

STEP UP リンクの編集

リンク貼り付けを行ったあとで、ファイルを移動したり、ファイル名を変更したりすると、リンク元のファイルが参照できなくなります。また、リンク元のファイルがOneDriveと同期されているフォルダーに保存されている場合も、同様に参照できなくなることがあります。

そのような場合は、正しく参照するようにリンクを編集します。

リンクを編集する方法は、次のとおりです。

◆《ファイル》タブ→《情報》→《ファイルへのリンクの編集》

※表示されていない場合は、スクロールして調整します。

6 グラフの書式設定

PowerPointに貼り付けたExcelのグラフは、PowerPointでグラフのデザインや書式を設定できます。

スライド12のグラフにデータラベルを表示し、次のように書式を設定しましょう。

データラベルの位置：内部外側
太字
フォントの色　　　　：白、背景1

① スライド12を選択します。

② グラフを選択します。

③ 《グラフのデザイン》タブを選択します。

④ 《グラフのレイアウト》グループの （グラフ要素を追加）をクリックします。

⑤ 《データラベル》をポイントします。

⑥ 《内部外側》をクリックします。

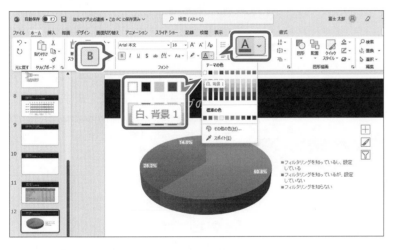

グラフにデータラベルが表示されます。

⑦ データラベルを選択します。

※どのデータラベルでもかまいません。

⑧ 《ホーム》タブを選択します。

⑨ 《フォント》グループの B （太字）をクリックします。

⑩ 《フォント》グループの A （フォントの色）の をクリックします。

⑪ 《テーマの色》の《白、背景1》をクリックします。

データラベルに書式が設定されます。

※グラフ以外の場所をクリックし、選択を解除しておきましょう。

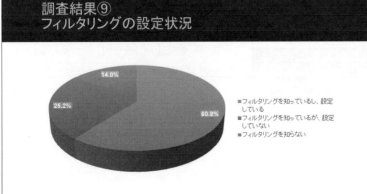

7　図として貼り付け

貼り付けたあとにデータを修正する必要がない場合は、Excelのグラフを図として貼り付けます。図として貼り付けると、写真などの画像と同じように扱えるため、レイアウトを崩さずに自由にサイズを変更したり、スタイルを設定したりすることができます。

1 グラフを図として貼り付け

スライド9に、Excelブック「**調査結果データ①**」のシート「**調査結果⑥**」のグラフを図として貼り付けましょう。

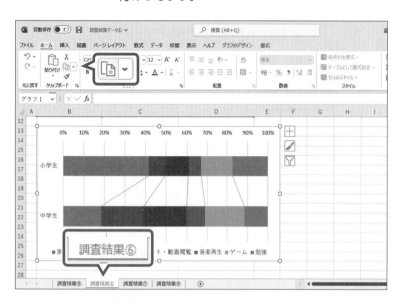

①Excelブック「**調査結果データ①**」に切り替えます。

※タスクバーのExcelのアイコンをクリックすると、表示が切り替わります。

②シート「**調査結果⑥**」のシート見出しをクリックします。

③グラフを選択します。

④《**ホーム**》タブを選択します。

⑤《**クリップボード**》グループの (コピー)をクリックします。

グラフがコピーされます。

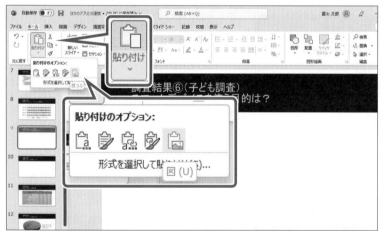

⑥作成中のプレゼンテーション「**ほかのアプリとの連携**」に切り替えます。

※タスクバーのPowerPointのアイコンをクリックすると、表示が切り替わります。

⑦スライド9を選択します。

グラフを貼り付けます。

⑧《**ホーム**》タブを選択します。

⑨《**クリップボード**》グループの (貼り付け)の をクリックします。

⑩ (図)をクリックします。

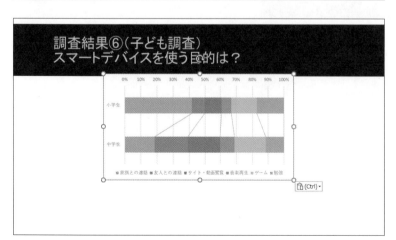

グラフが図として貼り付けられます。

※お使いの環境によっては、《デザイナー》作業ウィンドウが表示されることがあります。その場合は、 (閉じる)をクリックして閉じておきましょう。

2 図のスタイルの適用

グラフに図のスタイル**「四角形、右下方向の影付き」**を適用し、任意の角度に回転しましょう。

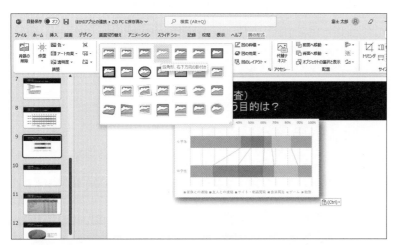

①グラフが選択されていることを確認します。

②《図の形式》タブを選択します。

③《図のスタイル》グループの ▽ (その他)をクリックします。

④《四角形、右下方向の影付き》をクリックします。

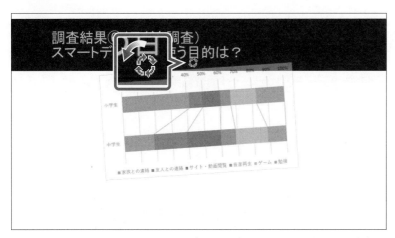

グラフに図のスタイルが適用されます。

⑤グラフの上の ⟳ をポイントします。

⑥図のようにドラッグします。

ドラッグ中、マウスポインターの形が ⟳ に変わります。

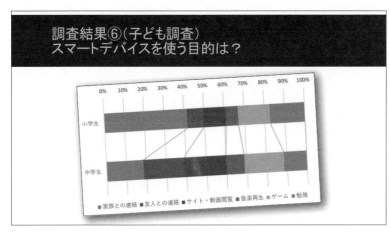

グラフが回転します。

※グラフの位置とサイズを調整しておきましょう。

※グラフ以外の場所をクリックして、選択を解除しておきましょう。

8　Excelの表の貼り付け方法

Excelの表をスライドに貼り付ける方法には、次のような種類があります。

ボタン	ボタンの名前	説明
	貼り付け先のスタイルを使用	Excelで設定した書式を削除し、貼り付け先のプレゼンテーションのスタイルで貼り付けます。
	元の書式を保持	Excelで設定した書式のまま、スライドに貼り付けます。
	埋め込み	Excelのオブジェクトとしてスライドに貼り付けます。
	図	Excelで設定した書式のまま、図として貼り付けます。 ※図（画像）としての扱いになるため、データの修正はできなくなります。
	テキストのみ保持	Excelで設定した書式を削除し、文字だけを貼り付けます。

9　Excelの表の貼り付け

スライド10にExcelブック「**調査結果データ①**」のシート「**調査結果⑦**」の表を、貼り付け先のスタイルを使用して貼り付けましょう。

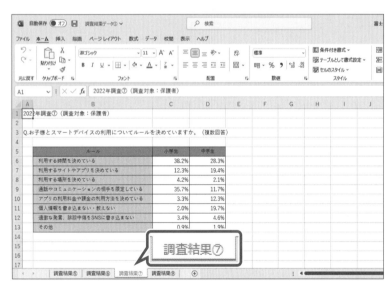

①Excelブック「**調査結果データ①**」に切り替えます。

※タスクバーのExcelのアイコンをクリックすると、ウィンドウが切り替わります。

②シート「**調査結果⑦**」のシート見出しをクリックします。

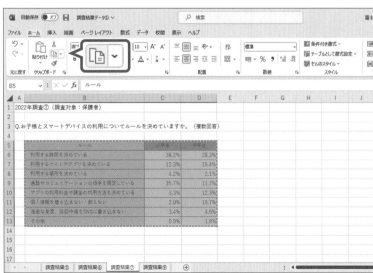

③セル範囲【**B5：D13**】を選択します。

④《**ホーム**》タブを選択します。

⑤《**クリップボード**》グループの（コピー）をクリックします。

コピーされた範囲が点線で囲まれます。

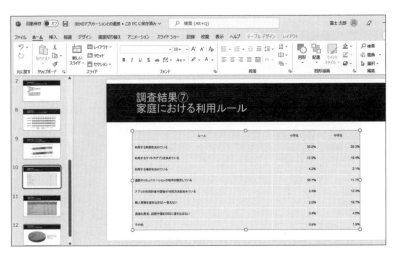

⑥作成中のプレゼンテーション「ほかのアプリとの連携」に切り替えます。

※タスクバーのPowerPointのアイコンをクリックすると、表示が切り替わります。

⑦スライド10を選択します。

※お使いの環境によっては、《デザイナー》作業ウィンドウが表示されることがあります。その場合は、×(閉じる)をクリックして閉じておきましょう。

表を貼り付けます。

⑧《ホーム》タブを選択します。

⑨《クリップボード》グループの 🗐 (貼り付け) の 貼り付け をクリックします。

⑩ 🗐 (貼り付け先のスタイルを使用) をクリックします。

表が貼り付けられます。

リボンに《テーブルデザイン》タブと《レイアウト》タブが表示されます。

※表の位置とサイズを調整しておきましょう。

※Excelブック「調査結果データ①」を保存し、閉じておきましょう。

STEP UP **その他の方法（貼り付け先のスタイルを使用して貼り付け）**

◆Excelの表をコピー→PowerPointを表示し、スライドを選択→《ホーム》タブ→《クリップボード》グループの 🗐 (貼り付け)

STEP UP **Excelの表のリンク貼り付け**

Excelの表をリンク貼り付けする方法は、次のとおりです。

◆Excelの表をコピー→PowerPointを表示し、スライドを選択→《ホーム》タブ→《クリップボード》グループの 🗐 (貼り付け) の 貼り付け →《形式を選択して貼り付け》→《●リンク貼り付け》→《Microsoft Excelワークシートオブジェクト》

リンク貼り付けした表のデータを修正する方法は、次のとおりです。

◆スライドに貼り付けた表をダブルクリック

10 表の書式設定

PowerPointに貼り付けたExcelの表は、PowerPointの表と同じようにスタイルや書式を設定できます。

1 表全体の書式設定

スライド10に貼り付けた表に、次のような書式を設定しましょう。

> フォントサイズ ：16ポイント
> 表のスタイル ：テーマスタイル1-アクセント4

① スライド10を選択します。

② 表を選択します。

③《ホーム》タブを選択します。

④《フォント》グループの[10+ ▼]（フォントサイズ）の[▼]をクリックします。

⑤《16》をクリックします。

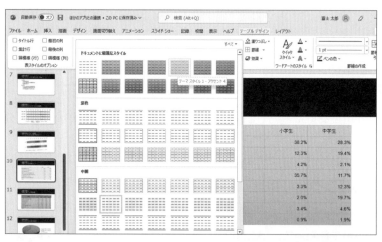

フォントサイズが変更されます。

⑥《テーブルデザイン》タブを選択します。

⑦《表のスタイル》グループの[▼]（その他）をクリックします。

⑧《ドキュメントに最適なスタイル》の《テーマスタイル1-アクセント4》をクリックします。

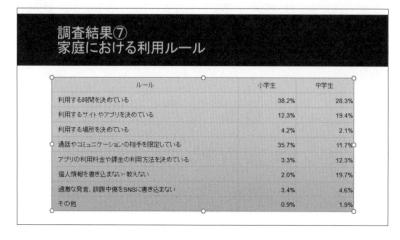

表にスタイルが適用されます。

2 表の1行目の書式設定

表の1行目を強調し、次のように書式を設定しましょう。

効果	：セルの面取り　二段
フォントの色	：黒、テキスト1

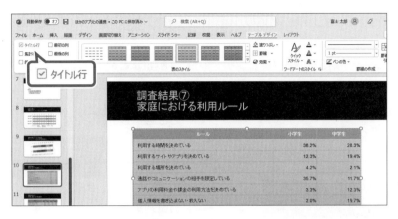

①表が選択されていることを確認します。

②《テーブルデザイン》タブを選択します。

③《表スタイルのオプション》グループの《タイトル行》を☑にします。

④表の1行目を選択します。

※表の1行目の左側にマウスポインターを移動し、➡に変わったらクリックします。

⑤《表のスタイル》グループの[効果]（効果）をクリックします。

⑥《セルの面取り》をポイントします。

⑦《面取り》の《二段》をクリックします。

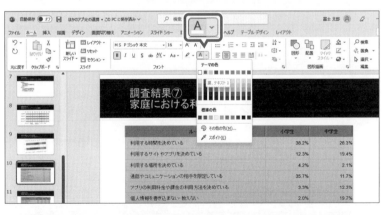

⑧《ホーム》タブを選択します。

⑨《フォント》グループの[A]（フォントの色）の[∨]をクリックします。

⑩《テーマの色》の《黒、テキスト1》をクリックします。

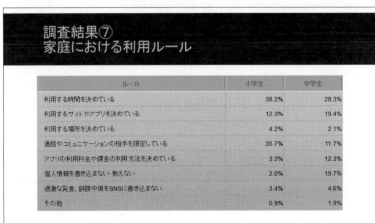

表の1行目に書式が設定されます。

※表の選択を解除して、書式を確認しておきましょう。

ほかのPowerPointのデータを利用する

1 スライドの再利用

PowerPointで作成したほかのプレゼンテーションのスライドを、作成中のプレゼンテーションのスライドとして利用することができます。
スライド12の後ろに、フォルダー**「第5章」**のプレゼンテーション**「調査まとめ」**のスライドを挿入しましょう。

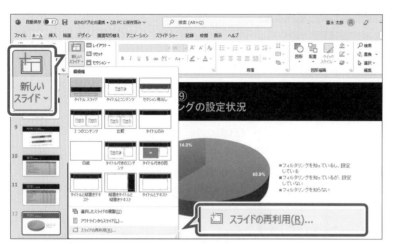

①スライド12を選択します。
②《**ホーム**》タブを選択します。
③《**スライド**》グループの（新しいスライド）の をクリックします。
④《**スライドの再利用**》をクリックします。

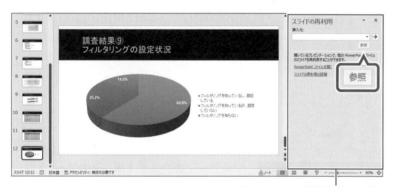

《スライドの再利用》作業ウィンドウ

《**スライドの再利用**》作業ウィンドウが表示されます。
⑤《**参照**》をクリックします。

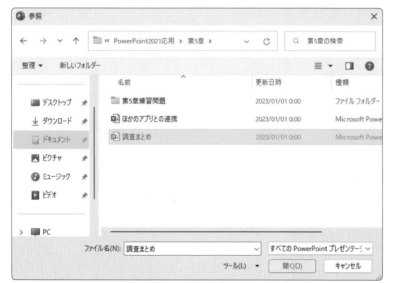

《**参照**》ダイアログボックスが表示されます。
再利用するプレゼンテーションが保存されている場所を選択します。
⑥左側の一覧から《**ドキュメント**》を選択します。
⑦右側の一覧から「**PowerPoint2021応用**」を選択します。
⑧《**開く**》をクリックします。
⑨「**第5章**」を選択します。
⑩《**開く**》をクリックします。
⑪「**調査まとめ**」を選択します。
⑫《**開く**》をクリックします。

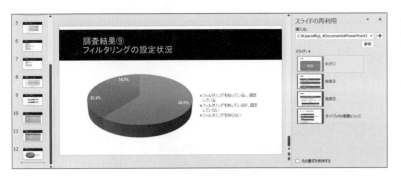

《スライドの再利用》作業ウィンドウにスライドの一覧が表示されます。

再利用するスライドを選択します。

⑬「**総括①**」のスライドをクリックします。

スライド12の後ろに「**総括①**」のスライドが挿入され、挿入先のテーマが適用されます。

⑭同様に、「**総括②**」「**総括③**」「**ガイドブックの概要について**」のスライドを挿入します。

※《スライドの再利用》作業ウィンドウを閉じておきましょう。

POINT **元の書式を保持したスライドの再利用**

元のスライドの書式のままスライドを再利用したい場合は、《スライドの再利用》作業ウィンドウの《元の書式を保持する》を ☑ にします。

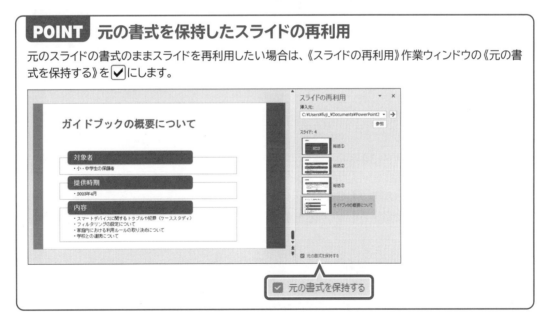

ためしてみよう

次のようにスライドを編集しましょう。

①挿入したスライド13からスライド16をリセットしましょう。

②スライド15のSmartArtグラフィックの位置を調整しましょう。

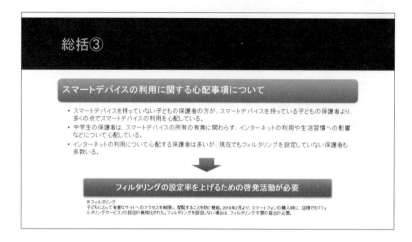

③スライド16のSmartArtグラフィックのサイズを調整しましょう。

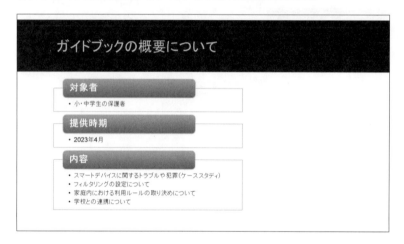

①

①スライド13を選択

②[Shift]を押しながら、スライド16を選択

③《ホーム》タブを選択

④《スライド》グループの[リセット](リセット)をクリック

②

①スライド15を選択

②SmartArtグラフィックを選択

③SmartArtグラフィックを上にドラッグして移動

③

①スライド16を選択

②SmartArtグラフィックを選択

③SmartArtグラフィックの右中央の〇(ハンドル)を左にドラッグしてサイズ変更

STEP 5 スクリーンショットを挿入する

1 作成するスライドの確認

次のようなスライドを作成しましょう。

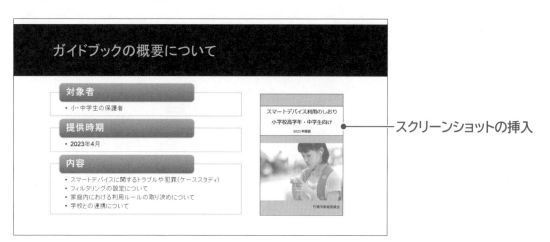

スクリーンショットの挿入

2 スクリーンショット

「**スクリーンショット**」を使うと、起動中のほかのアプリのウィンドウや領域、デスクトップの画面などを画像として貼り付けることができます。
スクリーンショットを使って、Word文書「**スマートデバイス利用のしおり**」を画像として貼り付けましょう。

●Word文書

貼り付けたい領域を
選択すると…

●プレゼンテーション

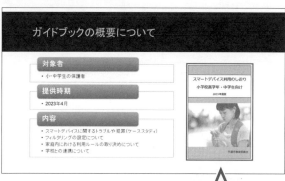

スライド内に
貼り付けられる

1 印刷イメージの表示

スクリーンショットで画像を貼り付ける場合は、貼り付けたい部分を画面に表示しておく必要があります。

ここでは、Word文書「**スマートデバイス利用のしおり**」の印刷イメージを画面に表示してからスクリーンショットをとります。

Word文書を開いて、印刷イメージを表示しましょう。

≫ フォルダー「第5章」のWord文書「スマートデバイス利用のしおり」を開いておきましょう。

※自動保存がオンになっている場合は、オフにしておきましょう。
※このWord文書は、資料のイメージとして使用するため、表紙のみの文書になっています。

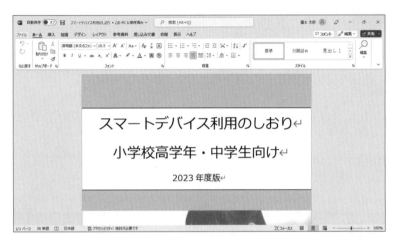

① Word文書「**スマートデバイス利用のしおり**」が開いていることを確認します。
② 《**ファイル**》タブを選択します。

③ 《**印刷**》をクリックします。
④ 印刷イメージが表示され、ページ全体が表示されていることを確認します。

2 スクリーンショットの挿入

スライド16にWord文書「**スマートデバイス利用のしおり**」のスクリーンショットを挿入し、枠線を設定しましょう。

① 作成中のプレゼンテーション「**ほかのアプリとの連携**」に切り替えます。

※タスクバーのPowerPointのアイコンをクリックすると、表示が切り替わります。

② スライド16を選択します。

③ 《**挿入**》タブを選択します。

④ 《**画像**》グループの ［スクリーンショット ▾］（スクリーンショットをとる）をクリックします。

⑤ 《**画面の領域**》をクリックします。

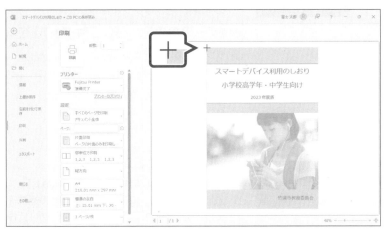

Word文書「**スマートデバイス利用のしおり**」が表示されます。

画面が白く表示され、マウスポインターの形が ╋ に変わります。

※画面の表示を調整しなおす場合は、[Esc]を押します。

⑥ 図のようにドラッグします。

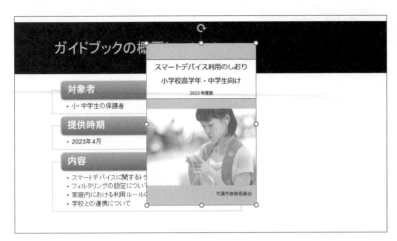

作成中のプレゼンテーションが表示され、スライド16に画像が貼り付けられます。

※お使いの環境によっては、《デザイナー》作業ウィンドウが表示されることがあります。その場合は、⊠（閉じる）をクリックして閉じておきましょう。

画像に枠線を設定します。

⑦画像を選択します。

⑧《図の形式》タブを選択します。

⑨《図のスタイル》グループの 図の枠線 （図の枠線）をクリックします。

⑩《テーマの色》の《黒、テキスト1》をクリックします。

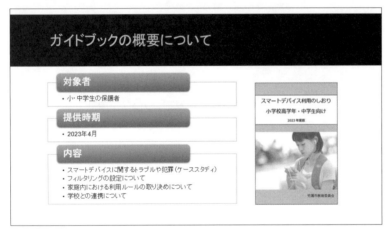

画像に枠線が設定されます。

※画像の位置とサイズを調整しておきましょう。

※プレゼンテーションに「ほかのアプリとの連携完成」と名前を付けて、フォルダー「第5章」に保存し、閉じておきましょう。

※Word文書「スマートデバイス利用のしおり」を閉じておきましょう。

POINT スクリーンショットの挿入（ウィンドウ全体）

スクリーンショットでウィンドウ全体を画像として貼り付ける方法は、次のとおりです。

◆画像として貼り付けるウィンドウを画面上に表示→作成中のプレゼンテーションに切り替え→《挿入》タブ→《画像》グループの 🖼 スクリーンショット （スクリーンショットをとる）→《使用できるウィンドウ》の一覧から選択

※最小化（タスクバーに格納）した状態では、スクリーンショットはとれません。スクリーンショットをとりたいウィンドウは最大化、または任意のサイズで表示しておく必要があります。

練習問題

PDF 標準解答 ▶ P.9

あなたは、子どものスマートデバイス利用に関する調査を行い、その結果について報告するためのプレゼンテーションを作成しています。
完成図のようなスライドを作成しましょう。

» フォルダー「第5章練習問題」のプレゼンテーション「第5章練習問題」を開いておきましょう。
※自動保存がオンになっている場合は、オフにしておきましょう。

●完成図

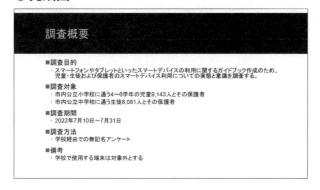

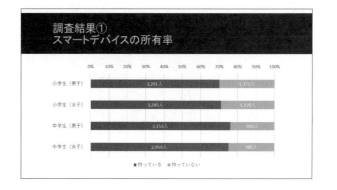

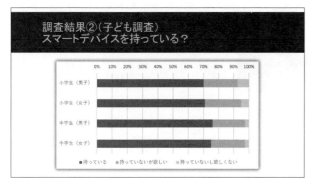

① スライド1の後ろにフォルダー「**第5章練習問題**」のWord文書「**調査概要**」を挿入しましょう。
※Word文書「調査概要」には、見出し1から見出し3までのスタイルが設定されています。

② スライド2からスライド4をリセットしましょう。
次に、スライド3とスライド4のレイアウトを「**タイトルのみ**」に変更しましょう。

③ スライド3にフォルダー「**第5章練習問題**」のExcelブック「**調査結果データ②**」のシート「**調査結果①**」のグラフを、元の書式を保持したままリンクしましょう。
次に、完成図を参考に、グラフの位置とサイズを調整し、グラフ内の文字のフォントサイズを「**16**」ポイントに変更しましょう。

④ スライド3のグラフにデータラベルを表示しましょう。表示位置は「**中央**」にします。
次に、データラベルのフォントの色を「**白、背景1**」に変更しましょう。

⑤ スライド4にExcelブック「**調査結果データ②**」のシート「**調査結果②**」のグラフを、図として貼り付けましょう。
次に、貼り付けた図に、図のスタイル「**四角形、背景の影付き**」を適用し、完成図を参考に、グラフの位置とサイズを調整しましょう。

完成図のようにスライドを編集しましょう。

● **完成図**

心配事項	小学生		中学生	
	所有	未所有	所有	未所有
SNSを通じての知らない人との交流	1.3%	2.2%	15.2%	17.6%
ネットやメールでの誹謗中傷、いじめ	18.3%	35.0%	34.3%	34.9%
有害なサイトへのアクセス	1.7%	10.1%	12.1%	10.2%
高額な利用料金の請求	1.4%	6.1%	5.4%	11.3%
ネット・スマホ依存	2.8%	10.2%	3.8%	3.4%
学力の低下	4.6%	16.8%	13.9%	10.1%
子どもの交友関係を把握しづらくなる	3.9%	8.4%	7.6%	7.2%
特に心配事はない	62.3%	8.9%	5.6%	2.1%
その他	3.5%	2.3%	2.1%	3.2%

調査結果⑧
利用に関する心配事項

⑥ スライド10にExcelブック**「調査結果データ②」**のシート**「調査結果⑧」**の表を、貼り付け先のスタイルを使用して貼り付けましょう。
　次に、完成図を参考に表の位置とサイズを調整し、次のように書式を設定しましょう。

フォントサイズ　：16ポイント
表のスタイル　　：中間スタイル4-アクセント5

完成図のようなスライドを作成しましょう。

● **完成図**

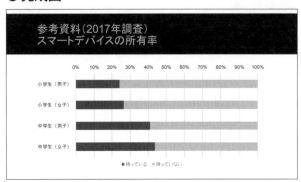

⑦ スライド3の後ろに、フォルダー**「第5章練習問題」**のプレゼンテーション**「2017年調査資料」**のスライド3を挿入しましょう。

⑧ スライド4のタイトルを次のように修正しましょう。

参考資料（2017年調査）
スマートデバイスの所有率

※プレゼンテーションに「第5章練習問題完成」と名前を付けて、フォルダー「第5章練習問題」に保存し、閉じておきましょう。

第6章

プレゼンテーションの校閲

第6章 | この章で学ぶこと

学習前に習得すべきポイントを理解しておき、
学習後には確実に習得できたかどうかを振り返りましょう。

■ プレゼンテーション内の単語を検索できる。　　　　　　　　　→ P.193 ☑ ☑ ☑

■ プレゼンテーション内の単語を置換できる。　　　　　　　　　→ P.194 ☑ ☑ ☑

■ プレゼンテーション内のコメントを表示したり、
　非表示にしたりできる。　　　　　　　　　　　　　　　　　→ P.197 ☑ ☑ ☑

■ コメントに表示されるユーザー情報を変更できる。　　　　　　→ P.198 ☑ ☑ ☑

■ スライドにコメントを挿入できる。　　　　　　　　　　　　　→ P.199 ☑ ☑ ☑

■ コメントを編集できる。　　　　　　　　　　　　　　　　　　→ P.200 ☑ ☑ ☑

■ コメントに返信できる。　　　　　　　　　　　　　　　　　　→ P.201 ☑ ☑ ☑

■ コメントを削除できる。　　　　　　　　　　　　　　　　　　→ P.201 ☑ ☑ ☑

■ プレゼンテーションを比較できる。　　　　　　　　　　　　　→ P.203 ☑ ☑ ☑

■ プレゼンテーションを比較後、変更内容を反映できる。　　　　→ P.208 ☑ ☑ ☑

■ 校閲作業を終了して、反映結果を確定できる。　　　　　　　　→ P.212 ☑ ☑ ☑

STEP 1 検索・置換する

1 検索

「**検索**」を使うと、プレゼンテーション内のスライドやノートなどの単語を検索できます。特にスライドの枚数が多いプレゼンテーションの場合、特定の単語をもれなく探し出すのは手間がかかります。そのような場合は、検索を使って効率よく正確に作業を進めるとよいでしょう。
プレゼンテーション内の「**フィルタリング**」という単語を検索しましょう。

 File OPEN » フォルダー「第6章」のプレゼンテーション「プレゼンテーションの校閲」を開いておきましょう。
※自動保存がオンになっている場合は、オフにしておきましょう。

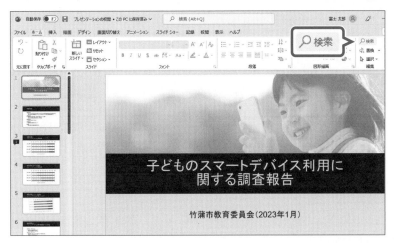

プレゼンテーションの先頭から検索します。
①スライド1を選択します。
②《**ホーム**》タブを選択します。
③《**編集**》グループの 🔍検索 (検索) をクリックします。

《検索》ダイアログボックスが表示されます。
④《**検索する文字列**》に「**フィルタリング**」と入力します。
⑤《**次を検索**》をクリックします。

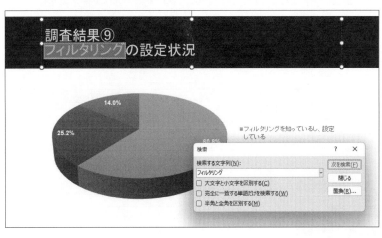

スライド12のタイトルに入力されている「**フィルタリング**」が選択されます。
※選択された文字に《検索》ダイアログボックスが重なって確認できない場合は、ダイアログボックスを移動しておきましょう。
⑥《**次を検索**》をクリックします。

スライド12のノートに入力されている
「**フィルタリング**」が選択されます。

⑦同様に、《**次を検索**》をクリックし、プレゼンテーション内の「**フィルタリング**」の単語をすべて検索します。

※10件検索されます。

図のようなメッセージが表示されます。

⑧《**OK**》をクリックします。

《**検索**》ダイアログボックスを閉じます。

⑨《**閉じる**》をクリックします。

STEP UP **その他の方法（検索）**

◆ [Ctrl] + [F]

2 置換

「**置換**」を使うと、プレゼンテーション内のスライドやノートなどの単語を別の単語に置き換えることができます。一度にすべての単語を置き換えたり、1つずつ確認しながら置き換えたりできます。また、設定されているフォントを別のフォントに置き換えることもできます。
プレゼンテーション内の「**親**」という単語を、1つずつ「**保護者**」に置換しましょう。

プレゼンテーションの先頭から置換します。

①スライド1を選択します。

②《**ホーム**》タブを選択します。

③《**編集**》グループの [置換] (置換) をクリックします。

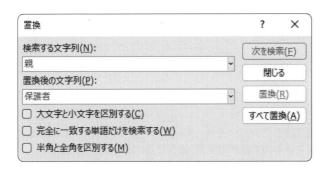

《置換》ダイアログボックスが表示されます。

④《検索する文字列》に「親」と入力します。

※前回検索した文字が表示されるので、削除して
から入力します。

⑤《置換後の文字列》に「保護者」と入力し
ます。

⑥《次を検索》をクリックします。

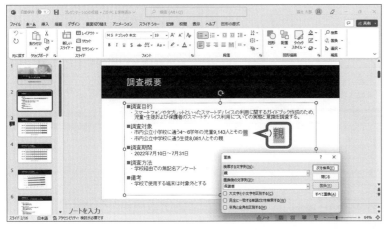

スライド2に入力されている「親」が選択
されます。

※《置換》ダイアログボックスが重なって確認でき
ない場合は、ダイアログボックスを移動してお
きましょう。

⑦《置換》をクリックします。

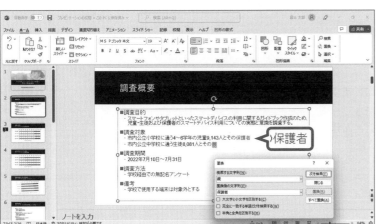

「保護者」に置換され、次の検索結果が表
示されます。

※次の検索結果が表示されていない場合は、《次
を検索》をクリックします。

⑧《置換》をクリックします。

⑨同様に、プレゼンテーション内の「親」
を「保護者」に置換します。

※5個の文字列が置換されます。

図のようなメッセージが表示されます。

⑩《OK》をクリックします。

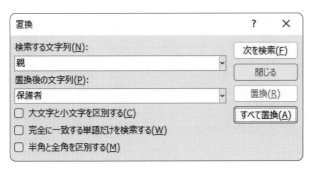

《置換》ダイアログボックスを閉じます。

⑪《閉じる》をクリックします。

※ステータスバーの ≦ノート (ノート) をクリック
し、ノートペインを非表示にしておきましょう。

STEP UP その他の方法（置換）

◆ ［Ctrl］＋［H］

POINT すべて置換

《置換》ダイアログボックスの《すべて置換》をクリックすると、プレゼンテーション内の該当する単語がすべて置き換わります。一度の操作で置換できるので便利ですが、事前によく確認してから置換するようにしましょう。

| 小学校に通う…
中学校に通う…
学校経由での無記名アンケート | | 小小・中学校に通う…
中小・中学校に通う…
小・中学校経由での無記名アンケート |

「学校」を「小・中学校」にすべて置換すると…

 ためしてみよう

プレゼンテーション内の「子供」を「子ども」に置換しましょう。
すべての箇所を一度に置換します。

Answer

①スライド1を選択
②《ホーム》タブを選択
③《編集》グループの (置換) をクリック
④《検索する文字列》に「子供」と入力
⑤《置換後の文字列》に「子ども」と入力
⑥《すべて置換》をクリック
※4個の文字列が置換されます。
⑦《OK》をクリック
⑧《閉じる》をクリック

STEP UP フォントの置換

プレゼンテーションで使用されているフォントを、別のフォントに置換できます。フォントを置換する方法は、次のとおりです。

◆《ホーム》タブ→《編集》グループの (置換) の →《フォントの置換》

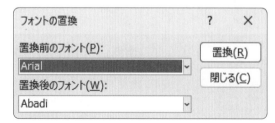

STEP 2 コメントを挿入する

1 コメント

「**コメント**」とは、スライドやオブジェクトに付けることのできるメモのようなものです。
自分がスライドを作成している最中に、あとで調べようと思ったことをコメントとしてメモしたり、ほかの人が作成したプレゼンテーションについて修正してほしいことや気になったことを書き込んだりするときに使うと便利です。
書き込まれているコメントに対して意見を述べたり、再確認したいことを書き込んだりするなど、コメントに返信して、ほかの人と意見のやり取りをすることもできます。

2 コメントの確認

プレゼンテーション「**プレゼンテーションの校閲**」には、コメントが挿入されています。コメントが挿入されているスライドのサムネイルには、コメントの件数が ■ のように表示されます。
スライド16のコメントの内容を確認しましょう。

①スライド16のサムネイルの ■ をクリックします。

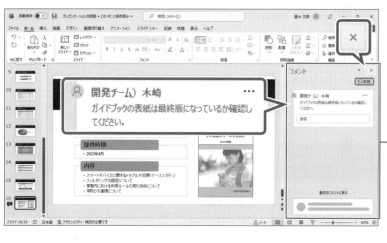

スライド16と、《コメント》作業ウィンドウが表示されます。

②コメントの内容を確認します。

③《コメント》作業ウィンドウの × （閉じる）をクリックします。

――《コメント》作業ウィンドウ

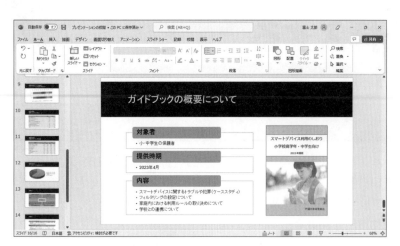

《コメント》作業ウィンドウが閉じられ、コメントの内容が非表示になります。

STEP UP　その他の方法
（コメントの確認）

◆スライドを選択→《校閲》タブ→《コメント》グループの □（コメントの表示）

POINT　《コメント》作業ウィンドウ

《コメント》作業ウィンドウの各部の名称と役割は、次のとおりです。

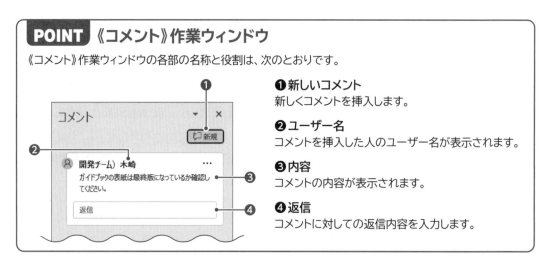

❶新しいコメント
新しくコメントを挿入します。

❷ユーザー名
コメントを挿入した人のユーザー名が表示されます。

❸内容
コメントの内容が表示されます。

❹返信
コメントに対しての返信内容を入力します。

---

3 コメントの挿入とユーザー設定

コメントには、ユーザー名が記録されます。ユーザー名は必要に応じて変更できます。
ユーザー名を「**調査チーム）富士**」、頭文字を「**F**」に設定し、スライド12に「**グラフにデータラベルを表示する。**」というコメントを挿入しましょう。

1 ユーザー設定の変更

ユーザー名を「**調査チーム）富士**」、頭文字を「**F**」に変更しましょう。

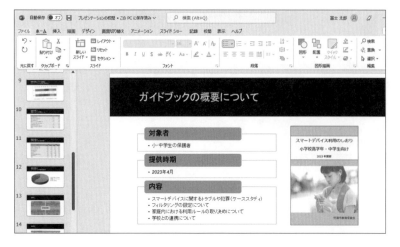

①《ファイル》タブを選択します。

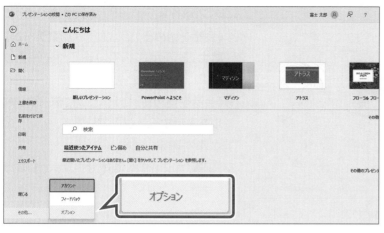

②《その他》をクリックします。

※お使いの環境によっては、《その他》が表示されていない場合があります。その場合は、③に進みます。

③《オプション》をクリックします。

《PowerPointのオプション》ダイアログボックスが表示されます。

④左側の一覧から《全般》を選択します。

⑤《Microsoft Officeのユーザー設定》の《ユーザー名》を「調査チーム）富士」に変更します。

⑥《頭文字》を「F」に変更します。

⑦《Officeへのサインイン状態にかかわらず、常にこれらの設定を使用する》を☑にします。

⑧《OK》をクリックします。

POINT コメントのユーザー名

《Microsoft Officeのユーザー設定》の《ユーザー名》はコメントの挿入者の名前などに使われます。
Officeにサインインしているときは、《PowerPointのオプション》ダイアログボックスでユーザー名を変更しても変更が反映されません。
変更したユーザー名を反映する場合は、《☑Officeへのサインイン状態にかかわらず、常にこれらの設定を使用する》にします。

---

2 コメントの挿入

スライド12に「**グラフにデータラベルを表示する。**」というコメントを挿入しましょう。

①スライド12を選択します。

②《校閲》タブを選択します。

③《コメント》グループの （コメントの挿入）をクリックします。

《**コメント**》作業ウィンドウが表示されます。

④《会話を始める》の上側に「**調査チーム)富士**」と表示されていることを確認します。

⑤《会話を始める》に「**グラフにデータラベルを表示する。**」と入力します。

コメントを確定します。

⑥ ▷（コメントを投稿する）をクリックします。

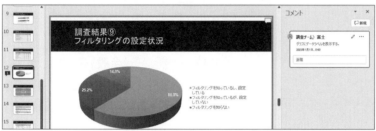

コメントが確定されます。

※《コメント》作業ウィンドウを閉じておきましょう。

STEP UP　その他の方法
（コメントの挿入）

◆《挿入》タブ→《コメント》グループの（コメントの挿入）

STEP UP　オブジェクトへのコメントの挿入

スライドだけでなく、オブジェクトやプレースホルダーにもコメントを挿入することができます。オブジェクトやプレースホルダーに対してコメントを挿入する方法は、次のとおりです。

◆ オブジェクトまたはプレースホルダーを選択→《校閲》タブ→《コメント》グループの（コメントの挿入）

4　コメントの編集

コメントは、あとから内容を編集できます。
スライド12に挿入したコメントの内容を「**円グラフにデータラベルを表示する。**」に修正しましょう。

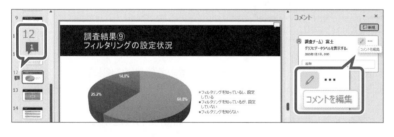

① スライド12のサムネイルの 1 をクリックします。

②《**コメント**》作業ウィンドウの ✐（コメントを編集）をクリックします。

※ ✐（コメントを編集）が表示されていない場合は、⋯（その他のスレッド操作）→《コメントを編集》をクリックします。

コメントが編集できる状態になります。

③ コメントの先頭に「**円**」と入力します。

コメントを確定します。

④ ✓（コメントを投稿する）をクリックします。

※お使いの環境によっては、✓（コメントを投稿する）が、✓（保存）と表示される場合があります。

コメントが確定されます。

5　コメントへの返信

コメントに対して返信できます。コメントとそれに対する返信は、時系列で表示され、誰がいつ返信したのかひと目で確認できます。

スライド3に挿入されているコメントに対して、**「値軸に%が表示されているので、データラベルは必要ないと考えます。」**と返信しましょう。

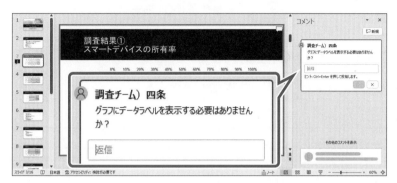

①スライド3を選択します。

《コメント》作業ウィンドウにスライド3のコメントの内容が表示されます。

②返信するコメントの《返信》をクリックします。

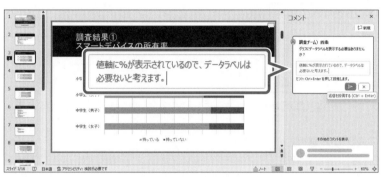

コメントが入力できる状態になります。

③**「値軸に%が表示されているので、データラベルは必要ないと考えます。」**と入力します。

コメントを確定します。

④ ▷ (返信を投稿する) をクリックします。

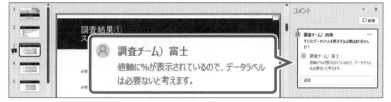

コメントが確定されます。

6　コメントの削除

コメントとして入力した内容が不要になった場合は削除できます。
スライド12のコメントを削除しましょう。

①スライド12を選択します。

②コメントをクリックします。

③《校閲》タブを選択します。

④《コメント》グループの □ (コメントの削除) をクリックします。

コメントが削除されます。

※コメントに返信がある場合は、あわせて削除されます。

※《コメント》作業ウィンドウを閉じておきましょう。

※《Microsoft Officeのユーザー設定》を元のユーザー名に戻しておきましょう。

※プレゼンテーションに「プレゼンテーションの校閲完成」と名前を付けて、フォルダー「第6章」に保存し、閉じておきましょう。

STEP UP　その他の方法（コメントの削除）

◆削除するコメントの […] （その他のスレッド操作）→《スレッドの削除》

POINT　コメントの一括削除

スライド内やプレゼンテーション内の複数のコメントを一度に削除できます。

選択しているスライドのコメントをすべて削除

◆スライドを選択→《校閲》タブ→《コメント》グループの [削除] （コメントの削除）の [⌄] →《スライド上のすべてのコメントを削除》

プレゼンテーション内のコメントをすべて削除

◆《校閲》タブ→《コメント》グループの [削除] （コメントの削除）の [⌄] →《このプレゼンテーションからすべてのコメントを削除》

※プレゼンテーション内のどのスライドが選択されていてもかまいません。

POINT　コメントの印刷

プレゼンテーションを印刷するときに、コメントを印刷するかどうかを設定できます。

コメントは、スライドとは別に印刷されます。スライドには、コメントを挿入したユーザーの頭文字と連番が印刷されます。

コメントを印刷するかどうかを設定する方法は、次のとおりです。

◆《ファイル》タブ→《印刷》→《設定》の《フルページサイズのスライド》→《コメントの印刷》

※ ☑ がついていると印刷されます。

●スライドの印刷イメージ

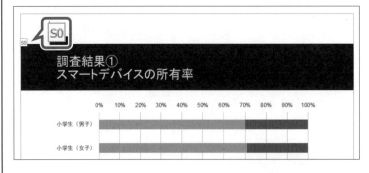

●コメントの印刷イメージ

スライド 3	
S0	グラフにデータラベルを表示する必要はありませんか？ 調査チーム 四条, 2023-01-01T00:00:13.175
F0 0	値軸に%が表示されているので、データラベルは必要ないと考えます。 調査チーム 富士, 2023-01-01T00:00:43.614

プレゼンテーションを比較する

1 校閲作業

プレゼンテーションを作成したあとは、何人かで校閲作業を行うとよいでしょう。**「校閲」**とは、誤字脱字や不適切な表現などがないかどうかを調べて、修正することです。複数の人で校閲すれば、その人数分の意見が出てきます。

校閲者に意見をコメントで書き込んでもらい、それを1つ1つ修正していく方法、直接スライドを修正してもらい、その結果と元のプレゼンテーションを比較して反映していく方法など、校閲にはいろいろなやり方があります。

2 プレゼンテーションの比較

「比較」とは、校閲前のプレゼンテーションと校閲後のプレゼンテーションを比較することです。作成したプレゼンテーションを校閲してもらい、校閲前のプレゼンテーションと校閲後のプレゼンテーションを比較し、変更点を反映していきます。

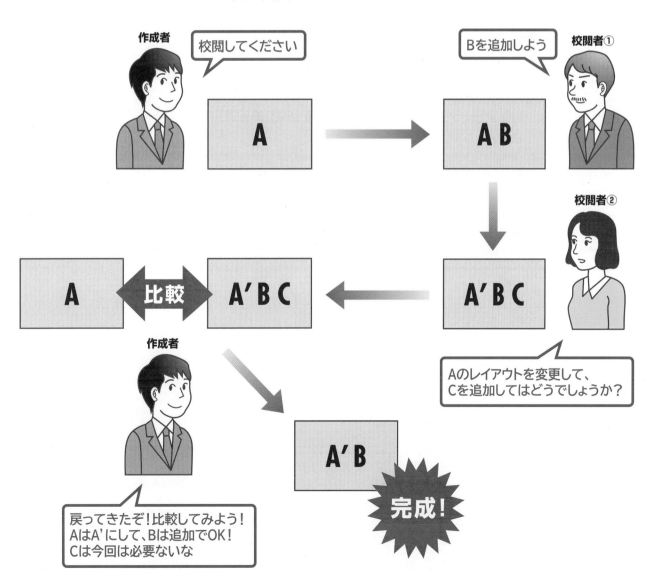

❶ 比較の流れ

校閲前のプレゼンテーションと校閲後のプレゼンテーションを比較する手順は、次のとおりです。

1　プレゼンテーションの表示

　校閲前のプレゼンテーションを表示します。

2　プレゼンテーションの比較

　校閲前と校閲後のプレゼンテーションを比較し、相違点を表示します。

3　変更内容の反映

　変更内容を確認し、校閲前のプレゼンテーションに反映します。

4　校閲の終了

　変更内容の反映を確定します。

❷ プレゼンテーションの比較

プレゼンテーション「**スマートデバイス調査**」と「**スマートデバイス調査（小林_修正済）**」を比較し、変更内容を反映しましょう。

プレゼンテーション「**スマートデバイス調査（小林_修正済）**」は、「**スマートデバイス調査**」に対して次のような変更を行っています。

●スライド2の箇条書きテキストに「備考」の項目を追加
●スライド6のSmartArtグラフィックのレイアウトを変更
●スライド11のタイトル「調査結果⑦」を「調査結果⑧」に変更
●スライド12の円グラフのスタイルを変更

スライド2

● 「スマートデバイス調査」

調査概要

■調査目的
　・スマートフォンやタブレットといったスマートデバイスの利用に関するガイドブック作成のため、児童・生徒および保護者のスマートデバイス利用についての実態と意識を調査する。
■調査対象
　・市内公立小学校に通う4～6学年の児童9,143人とその保護者
　・市内公立中学校に通う生徒8,081人とその保護者
■調査期間
　・2022年7月10日～7月31日
■調査方法
　・学校経由での無記名アンケート

● 「スマートデバイス調査（小林_修正済）」

調査概要

■調査目的
　・スマートフォンやタブレットといったスマートデバイスの利用に関するガイドブック作成のため、児童・生徒および保護者のスマートデバイス利用についての実態と意識を調査する。
■調査対象
　・市内公立小学校に通う4～6学年の児童9,143人とその保護者
　・市内公立中学校に通う生徒8,081人とその保護者
■調査期間
　・2022年7月10日～7月31日
■調査方法
　・学校経由での無記名アンケート
■備考
　・学校で使用する端末は対象外とする

箇条書きテキストの項目の追加

スライド6

● 「スマートデバイス調査」

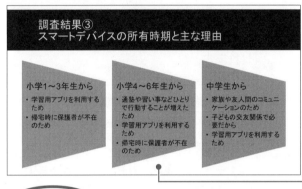

調査結果③
スマートデバイスの所有時期と主な理由

● 「スマートデバイス調査（小林_修正済）」

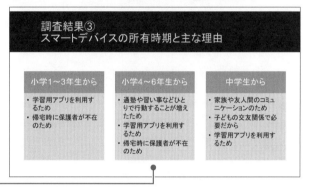

調査結果③
スマートデバイスの所有時期と主な理由

SmartArtグラフィックのレイアウトの変更

スライド11

● 「スマートデバイス調査」

調査結果⑦
利用に関する心配事項

心配事項	小学生		中学生	
	所有者	未所有者	所有者	未所有者
SNSを通じての知らない人との交流	1.3%	2.2%	15.2%	17.6%
ネットやメールでの誹謗中傷、いじめ	38.3%	35.0%	34.3%	34.9%
有害なサイトへのアクセス	11.7%	10.1%	12.1%	10.2%
高額な利用料金の請求	11.4%	6.1%	5.4%	11.3%
ネット・スマホ依存	12.8%	10.2%	3.8%	3.4%
学力の低下	4.8%	16.8%	13.9%	10.1%
子どもの交友関係を把握しづらくなる	3.9%	8.4%	7.6%	7.2%
特に心配事はない	12.3%	8.9%	5.6%	2.1%
その他	3.5%	2.3%	2.1%	3.2%

● 「スマートデバイス調査（小林_修正済）」

調査結果⑧
利用に関する心配事項

心配事項	小学生		中学生	
	所有者	未所有者	所有者	未所有者
SNSを通じての知らない人との交流	1.3%	2.2%	15.2%	17.6%
ネットやメールでの誹謗中傷、いじめ	38.3%	35.0%	34.3%	34.9%
有害なサイトへのアクセス	11.7%	10.1%	12.1%	10.2%
高額な利用料金の請求	11.4%	6.1%	5.4%	11.3%
ネット・スマホ依存	12.8%	10.2%	3.8%	3.4%
学力の低下	4.8%	16.8%	13.9%	10.1%
子どもの交友関係を把握しづらくなる	3.9%	8.4%	7.6%	7.2%
特に心配事はない	12.3%	8.9%	5.6%	2.1%
その他	3.5%	2.3%	2.1%	3.2%

スライドのタイトルの変更

スライド12

● 「スマートデバイス調査」

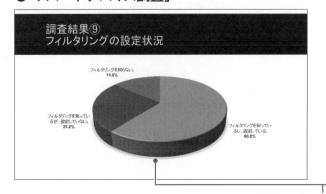

調査結果⑨
フィルタリングの設定状況

● 「スマートデバイス調査（小林_修正済）」

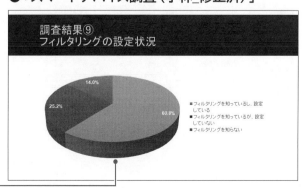

調査結果⑨
フィルタリングの設定状況

円グラフのスタイルの変更

File OPEN » フォルダー「第6章」のプレゼンテーション「スマートデバイス調査」を開いておきましょう。

※自動保存がオンになっている場合は、オフにしておきましょう。

①《校閲》タブを選択します。

②《比較》グループの（比較）をクリックします。

《現在のプレゼンテーションと比較するファイルの選択》ダイアログボックスが表示されます。

比較するプレゼンテーションが保存されている場所を選択します。

③左側の一覧から《ドキュメント》を選択します。

④右側の一覧から「PowerPoint2021応用」を選択します。

⑤《開く》をクリックします。

⑥「第6章」を選択します。

⑦《開く》をクリックします。

比較するプレゼンテーションを選択します。

⑧「スマートデバイス調査（小林_修正済）」を選択します。

⑨《比較》をクリックします。

《変更履歴》ウィンドウと変更履歴マーカーが表示されます。

――《変更履歴》ウィンドウ

変更履歴マーカー

STEP UP 《変更履歴》ウィンドウの表示・非表示

《変更履歴》ウィンドウの表示・非表示を切り替える方法は、次のとおりです。
◆《校閲》タブ→《比較》グループの [変更履歴] ウィンドウ ([変更履歴]ウィンドウ)

POINT 《変更履歴》ウィンドウ

《変更履歴》ウィンドウでは、どのスライドにどのような変更が行われたのかを確認できます。
変更内容は、スライドのサムネイルで確認したり、詳細情報を確認したりできます。

● スライドの表示
変更者のユーザー名と、変更内容を反映した状態のスライドのサムネイルが表示されます。

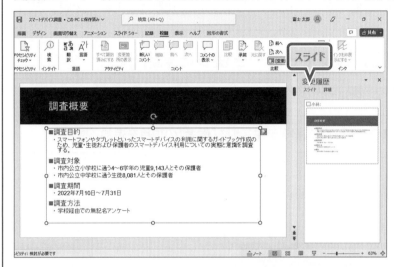

● 詳細の表示
《スライドの変更》と《プレゼンテーションの変更》が表示されます。

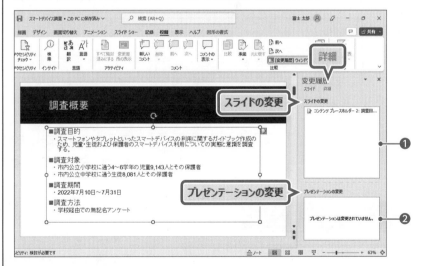

❶ スライドの変更
変更があるスライドを選択すると、そのスライド内の変更点が表示されます。

❷ プレゼンテーションの変更
プレゼンテーション全体に関する変更点が表示されます。

3 変更内容の反映

変更内容を確認し、反映します。変更内容を承諾する方法には、次の3つの方法があります。

● 変更履歴マーカーを使う
● 《変更履歴》ウィンドウを使う
● 《校閲》タブを使う

また、反映には、「**承諾**」と「**元に戻す**」があります。一度承諾してもあとから元に戻したり、逆に、元に戻したものを承諾したりするなど、反映する内容を変更することもできます。

1 変更履歴マーカーを使った承諾

（変更履歴マーカー）を使って、次の変更内容を承諾しましょう。

● スライド2の箇条書きテキストに「備考」の項目を追加

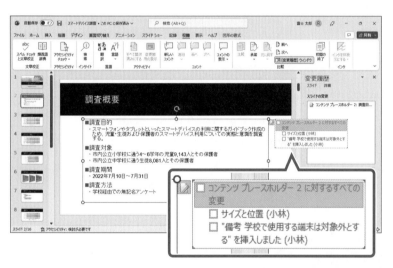

① スライド2が表示されていることを確認します。

② プレースホルダーの右上に表示されている （変更履歴マーカー）の内容を確認します。

※内容が表示されていない場合は、 （変更履歴マーカー）をクリックします。

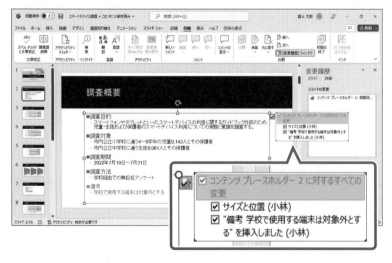

変更内容を承諾します。

③《コンテンツプレースホルダー2に対するすべての変更》を にします。

※《サイズと位置（小林）》と《"備考 学校で使用する端末は対象外とする"を挿入しました（小林）》も になります。

箇条書きテキストの内容が変更されます。

※変更履歴マーカーの表示が に変わります。

② 《変更履歴》ウィンドウを使った承諾

《変更履歴》ウィンドウを使って、次の変更内容を承諾しましょう。
変更前後のスライドを比較できるように、スライドのサムネイルで確認します。

> ● スライド6のSmartArtグラフィックのレイアウトを変更

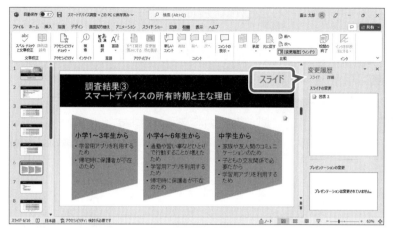

① スライド6を選択します。

スライド6が表示され、《変更履歴》ウィンドウの内容がスライド6の変更内容に切り替わります。

《変更履歴》ウィンドウで変更内容を確認します。

② 《変更履歴》ウィンドウの《スライド》をクリックします。

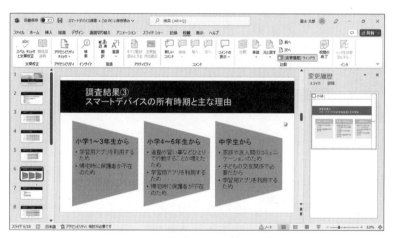

《スライド》に切り替わり、変更内容を反映したスライド6が表示されます。
変更内容を承諾します。

③ 《変更履歴》ウィンドウに表示されているスライド6をクリックします。

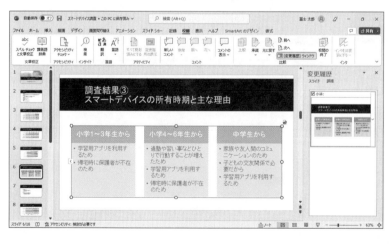

SmartArtグラフィックのレイアウトが変更されます。

※変更履歴マーカーの表示が ☑ に変わります。

3 《校閲》タブを使った承諾

次の変更内容を承諾しましょう。

> ●スライド11のタイトル「調査結果⑦」を「調査結果⑧」に変更
> ●スライド12の円グラフのスタイルを変更

①スライド11を選択します。

スライド11が表示されます。

変更内容を表示します。

②（変更履歴マーカー）をクリックします。

変更内容を承諾します。

③《比較》グループの（変更の承諾）をクリックします。

スライド11のタイトルが変更されます。

※変更履歴マーカーの表示が に変わります。

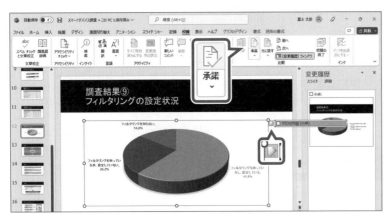

④スライド12を選択します。

スライド12が表示されます。

変更内容を表示します。

⑤（変更履歴マーカー）をクリックします。

変更内容を承諾します。

⑥《比較》グループの（変更の承諾）をクリックします。

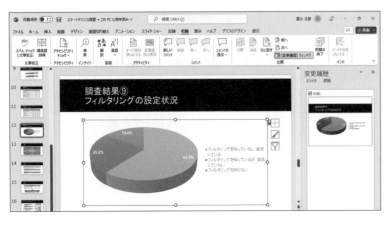

スライド12のグラフのスタイルが変更されます。

※変更履歴マーカーの表示が に変わります。

表示しているスライド内またはプレゼンテーション全体のすべての変更内容を一度に承諾することもできます。
変更内容をまとめて承諾する方法は、次のとおりです。

◆《校閲》タブ→《比較》グループの ▦ (変更の承諾) の ▾ →《このスライドのすべての変更を反映》／
《プレゼンテーションのすべての変更を反映》

STEP UP 前の変更箇所・次の変更箇所へ移動する

表示している変更箇所の、1つ前または1つ後の変更箇所にジャンプして移動し、内容を確認することができます。
変更数が多い場合や、スライドの枚数が多いプレゼンテーションの場合に便利です。
1つ前の変更箇所または1つ後の変更箇所に移動する方法は、次のとおりです。

◆《校閲》タブ→《比較》グループの 🗗 前へ (前の変更箇所)／🗗 次へ (次の変更箇所)

4 変更を元に戻す

一度承諾した内容でも校閲を終了するまでは、元に戻すことができます。
スライド6のSmartArtグラフィックのレイアウトの変更を元に戻しましょう。

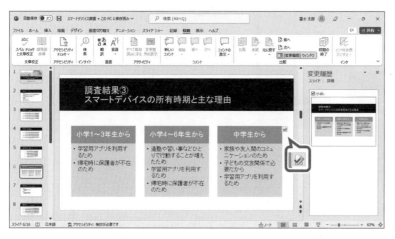

①スライド6を選択します。

②SmartArtグラフィックの右上に表示されている 🖉 (変更履歴マーカー) をクリックします。

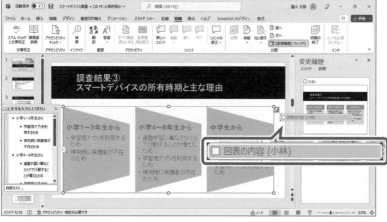

変更内容が表示されます。

③《図表の内容 (小林)》を □ にします。

SmartArtグラフィックのレイアウトが元に戻ります。

その他の方法（変更を元に戻す）

◆ (変更履歴マーカー) を選択→《校閲》タブ→《比較》グループの (変更を元に戻す)

POINT **すべての変更を元に戻す**

すべての変更内容を一度に元に戻すこともできます。
変更内容をまとめて元に戻す方法は、次のとおりです。

◆ (変更履歴マーカー) を選択→《校閲》タブ→《比較》グループの (変更を元に戻す) の →《プレゼンテーションのすべての変更を元に戻す》

4 校閲の終了

変更内容の反映が終了したら、校閲作業を終了して、反映結果を確定させます。校閲を終了すると、元に戻すことはできなくなります。
校閲を終了しましょう。

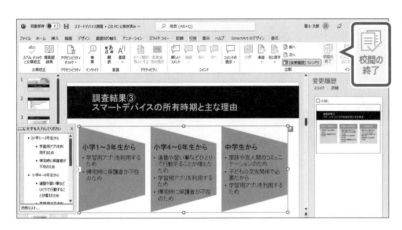

①《校閲》タブを選択します。
②《比較》グループの (校閲の終了) をクリックします。

図のようなメッセージが表示されます。
③《はい》をクリックします。

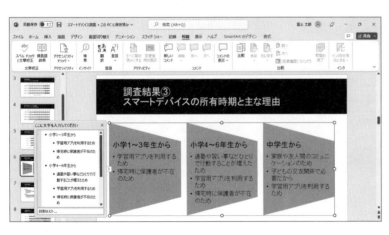

《変更履歴》ウィンドウが非表示になり、変更内容が確定されます。

※プレゼンテーションに「スマートデバイス調査完成」と名前を付けて、フォルダー「第6章」に保存し、閉じておきましょう。

練習問題

PDF 標準解答 ▶ P.11

あなたは、日本文化体験教室をPRし、参加者を募集するためのプレゼンテーション資料を作成しており、一通り完成したファイルをほかのメンバーと一緒にチェックしているところです。完成図のようなプレゼンテーションを作成しましょう。

» フォルダー「第6章練習問題」のプレゼンテーション「第6章練習問題」を開いておきましょう。

File OPEN　※自動保存がオンになっている場合は、オフにしておきましょう。

●完成図

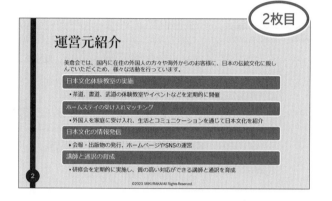

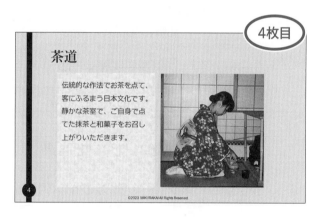

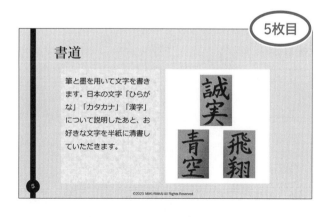

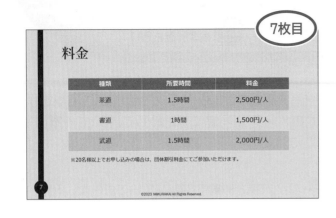

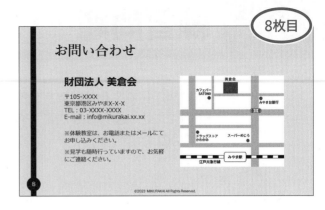

① プレゼンテーション内の「**日本文化**」という単語を検索しましょう。

② プレゼンテーション内の「**茶の湯**」という単語を、すべて「**茶道**」に置換しましょう。

③ スライド7に挿入されているコメントに対して、「**新しい料金に変更済みです。**」と返信しましょう。

④ ③で返信したコメントを「**改定後の料金に変更済みです。**」に編集しましょう。

⑤ プレゼンテーション内のコメントをすべて削除しましょう。

(HINT) 《校閲》タブ→《コメント》グループを使います。

⑥ 開いているプレゼンテーション「**第6章練習問題**」とプレゼンテーション「**第6章練習問題_比較**」を比較し、校閲を開始できる状態にしましょう。

⑦ ▨ (変更履歴マーカー) を使って、次の変更内容を反映しましょう。

スライド2のタイトルの変更

⑧ 《校閲》タブを使って、次の変更内容を反映しましょう。

スライド7の表のスタイルの変更

⑨ 《変更履歴》ウィンドウにスライド8を表示し、次の変更内容を反映しましょう。

スライド8の地図のサイズを変更し、書式を設定

⑩ スライド8の変更内容を元に戻しましょう。

⑪ 校閲を終了しましょう。

※プレゼンテーションに「第6章練習問題完成」と名前を付けて、フォルダー「第6章練習問題」に保存し、閉じておきましょう。

第7章

プレゼンテーションの
検査と保護

第7章 | この章で学ぶこと

学習前に習得すべきポイントを理解しておき、
学習後には確実に習得できたかどうかを振り返りましょう。

■ プレゼンテーションのプロパティを設定できる。　　　　　　→ P.218 ☑ ☑ ☑

■ プロパティに含まれる個人情報や隠しデータ、コメントなどを
　必要に応じて削除できる。　　　　　　　　　　　　　　　→ P.221 ☑ ☑ ☑

■ アクセシビリティチェックを実行できる。　　　　　　　　　→ P.224 ☑ ☑ ☑

■ 画像に代替テキストを設定できる。　　　　　　　　　　　　→ P.226 ☑ ☑ ☑

■ スライド内のオブジェクトの読み上げ順序を確認できる。　　→ P.227 ☑ ☑ ☑

■ パスワードを設定してプレゼンテーションを保護できる。　　→ P.228 ☑ ☑ ☑

■ プレゼンテーションを最終版として保存できる。　　　　　　→ P.231 ☑ ☑ ☑

作成するプレゼンテーションを確認する

1 作成するプレゼンテーションの確認

プレゼンテーションの検査や保護を行って、プレゼンテーションを配布する準備をしましょう。

プレゼンテーションのプロパティの設定

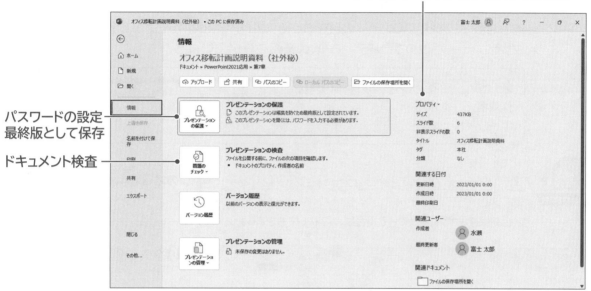

パスワードの設定
最終版として保存

ドキュメント検査

アクセシビリティチェック

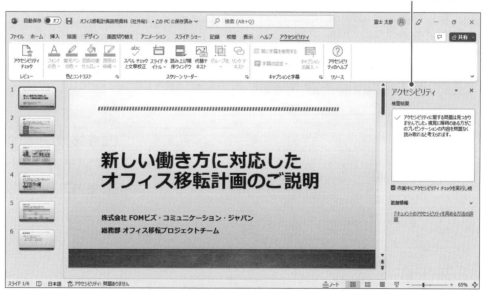

STEP 2 プレゼンテーションのプロパティを設定する

1 プレゼンテーションのプロパティの設定

「**プロパティ**」とは、一般に「**属性**」と呼ばれるもので、性質や特性を表す言葉です。
プレゼンテーションのプロパティには、プレゼンテーションのファイルサイズや作成日時、最終更新日時などがあります。
プレゼンテーションにプロパティを設定しておくと、Windowsのファイル一覧でプロパティの内容を表示したり、プロパティの値をもとにファイルを検索したりできます。
プレゼンテーションのプロパティに、次の情報を設定しましょう。

タイトル	：オフィス移転計画説明資料
作成者	：水瀬
キーワード	：本社

» フォルダー「第7章」のプレゼンテーション「プレゼンテーションの検査と保護」を開いておきましょう。

File OPEN

※自動保存がオンになっている場合は、オフにしておきましょう。

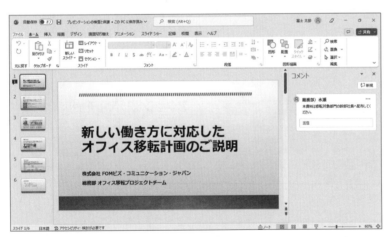

①《ファイル》タブを選択します。

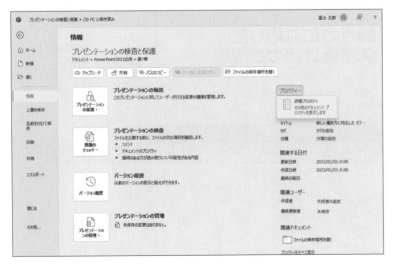

②《情報》をクリックします。
③《プロパティ》をクリックします。
④《詳細プロパティ》をクリックします。

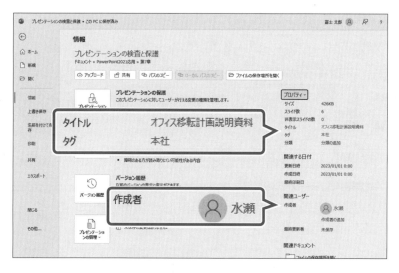

《プレゼンテーションの検査と保護のプロパティ》ダイアログボックスが表示されます。

⑤《ファイルの概要》タブを選択します。

⑥《タイトル》に「オフィス移転計画説明資料」と入力します。

※タイトルには、タイトルスライドに入力されている文字が表示されているので、削除してから入力します。

⑦《作成者》に「水瀬」と入力します。

⑧《キーワード》に「本社」と入力します。

⑨《OK》をクリックします。

プレゼンテーションのプロパティに情報が設定されます。

※《キーワード》に入力した内容は、《タグ》に表示されます。

※ Esc を押して、標準表示に切り替えておきましょう。

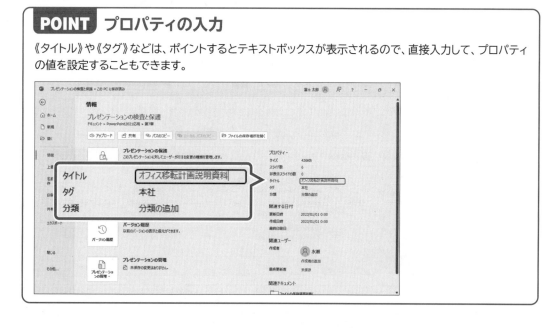

POINT プロパティの入力

《タイトル》や《タグ》などは、ポイントするとテキストボックスが表示されるので、直接入力して、プロパティの値を設定することもできます。

STEP UP　ファイル一覧でのプロパティの表示

Windowsのエクスプローラーのファイル一覧で、ファイルの表示方法が《詳細》のとき、ファイルのプロパティを確認できます。ファイル一覧に表示するプロパティの項目は、自由に設定することもできます。
エクスプローラーのファイルの表示方法を変更する方法は、次のとおりです。

◆　表示（レイアウトとビューのオプション）→《詳細》

プロパティの項目を設定する方法は、次のとおりです。

◆列見出しを右クリック→《その他》→表示する項目を☑にする

STEP UP　プロパティを使ったファイルの検索

作成者やタイトル、キーワードなどのファイルに設定したプロパティをもとに、Windowsのエクスプローラーのファイル一覧でファイルを検索できます。
プロパティを使ってファイルを検索する方法は、次のとおりです。

◆検索ボックスに検索する文字を入力→　→

STEP 3 プレゼンテーションの問題点をチェックする

1 ドキュメント検査

「**ドキュメント検査**」を使うと、プレゼンテーションに個人情報や隠しデータ、コメントなどが含まれていないかどうかをチェックして、必要に応じてそれらを削除できます。作成したプレゼンテーションを社内で共有したり、顧客や取引先など社外の人に配布したりするような場合は、事前にドキュメント検査を行って、プレゼンテーションから個人情報やコメントなどを削除しておくと、情報の漏えいの防止につながります。

1 ドキュメント検査の対象

ドキュメント検査では、次のような内容をチェックできます。

対象	説明
コメント	コメントには、それを入力したユーザー名や内容そのものが含まれています。
ドキュメントのプロパティと個人情報	プレゼンテーションのプロパティには、作成者の個人情報や作成日時などが含まれています。
インク	スライドに書き加えたペンや蛍光ペンを非表示にしている場合、非表示の部分に知られたくない情報が含まれている可能性があります。
スライド上の非表示の内容	プレースホルダーや画像、SmartArtグラフィックなどのオブジェクトを非表示にしている場合、非表示の部分に知られたくない情報が含まれている可能性があります。
プレゼンテーションノート	ノートには、発表者の情報や知られたくない情報が含まれている可能性があります。

2 ドキュメント検査の実行

ドキュメント検査を行ってすべての項目を検査し、検査結果から「**ドキュメントのプロパティと個人情報**」以外の情報を削除しましょう。

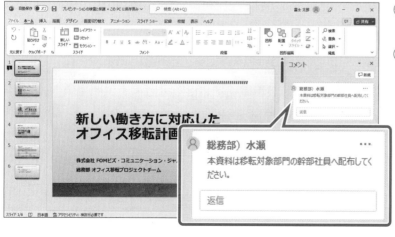

①スライド1にコメントが挿入されていることを確認します。

②《**ファイル**》タブを選択します。

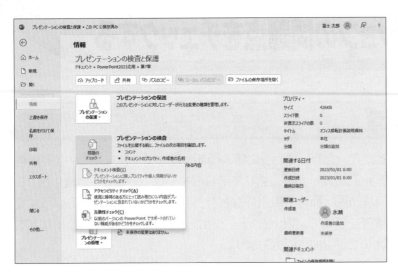

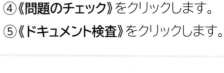

③《**情報**》をクリックします。

④《**問題のチェック**》をクリックします。

⑤《**ドキュメント検査**》をクリックします。

図のようなメッセージが表示されます。

※直前の操作で、プロパティの設定を行っています。その結果を保存していないため、このメッセージが表示されます。

プレゼンテーションを保存します。

⑥《**はい**》をクリックします。

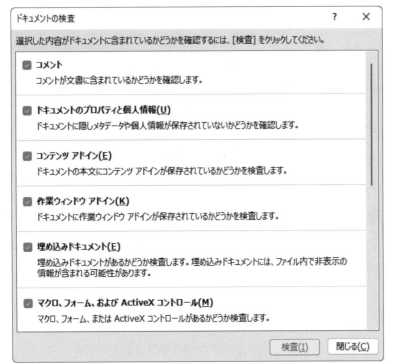

《**ドキュメントの検査**》ダイアログボックスが表示されます。

⑦すべての項目を✔にします。

⑧《**検査**》をクリックします。

検査結果が表示されます。

個人情報や隠しデータが含まれている可能性のある項目には、《すべて削除》が表示されます。

※スクロールして確認しておきましょう。

⑨《コメント》の《すべて削除》をクリックします。

コメントが削除されます。

⑩《閉じる》をクリックします。

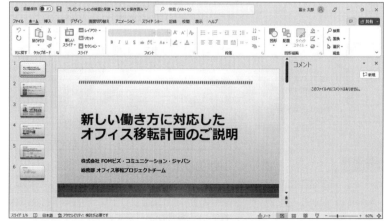

コメントが削除されているかどうかを確認します。

⑪スライド1が選択されていることを確認します。

⑫コメントが削除されていることを確認します。

※《コメント》作業ウィンドウを閉じておきましょう。

2 アクセシビリティチェック

「**アクセシビリティ**」とは、すべての人が不自由なく情報を手に入れられるかどうか、使いこなせるかどうかを表す言葉です。

「**アクセシビリティチェック**」を使うと、視覚に障がいのある方などにとって読み取りにくい情報が含まれていないかどうかをチェックできます。

1 アクセシビリティチェックの対象

アクセシビリティチェックでは、次のような内容をチェックできます。

内容	説明
代替テキスト	図形、図（画像）などのオブジェクトに「代替テキスト」が設定されているかどうかをチェックします。代替テキストは、オブジェクトの代わりに読み上げられる文字のことです。オブジェクトの内容を代替テキストで示しておくと、情報を理解しやすくなります。
読みにくいテキストのコントラスト	文字の色が背景の色と酷似しているかどうかをチェックします。コントラストの差を付けることで、文字が読み取りやすくなります。
読み上げ順序の確認	スライドの文字や図形などの読み上げ順序をチェックします。読み上げ順序を正しく設定することで、情報を伝えやすくなります。

2 アクセシビリティチェックの実行

プレゼンテーションのアクセシビリティをチェックしましょう。

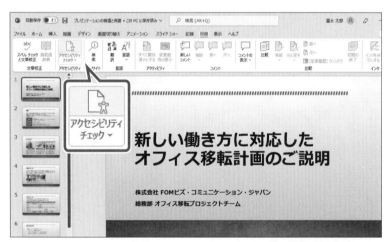

① 《**校閲**》タブを選択します。

② 《**アクセシビリティ**》グループの（アクセシビリティチェック）をクリックします。

※お使いの環境によっては、（アクセシビリティチェック）がと表示されている場合があります。

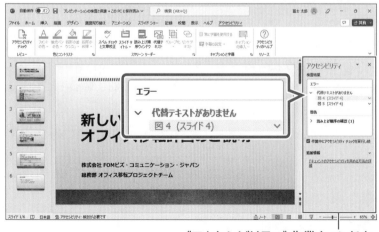

《アクセシビリティ》作業ウィンドウ

《**アクセシビリティ**》作業ウィンドウが表示され、《**検査結果**》が表示されます。

※《アクセシビリティ》作業ウィンドウが表示されると、リボンに《アクセシビリティ》タブが表示され、切り替わります。お使いの環境によっては、表示されずに《校閲》タブのままになっている場合があります。

アクセシビリティチェックの検査結果を確認します。

③ 《**検査結果**》の《**エラー**》の《**代替テキストがありません**》をクリックします。

※お使いの環境によっては、《代替テキストがありません》が《付属オブジェクトの説明》と表示されている場合があります。

④「**図4（スライド4）**」をクリックします。

スライド4が表示され、エラーとなった画像が選択されます。

※画像に代替テキストが設定されていないため、エラーが表示されています。

※「図4（スライド4）」の下にドロップダウンメニューが表示されている場合は、再度クリックして閉じておきましょう。

⑤《追加情報》で《修正が必要な理由》と《修正方法》を確認します。

※表示されていない場合は、スクロールして調整します。

⑥《検査結果》の《警告》の《読み上げ順序の確認》をクリックします。

⑦「スライド4」をクリックします。

※スライド内容の読み上げ順序が明確でないため、確認するように警告として表示されています。

※「スライド4」の下にドロップダウンメニューが表示されている場合は、再度クリックして閉じておきましょう。

⑧《追加情報》で《修正が必要な理由》と《修正方法》を確認します。

※表示されていない場合は、スクロールして調整します。

※ノートペインが表示されている場合は、ステータスバーの ≙ノート （ノート）をクリックして、非表示にしておきましょう。

STEP UP その他の方法（アクセシビリティチェックの実行）

◆《ファイル》タブ→《情報》→《問題のチェック》→《アクセシビリティチェック》

POINT アクセシビリティチェックの検査結果

アクセシビリティチェックを実行して、問題があった場合には、次の3つのレベルに分類して表示されます。

結果	説明
エラー	障がいがある方にとって、理解が難しい、または理解できないオブジェクトがある。
警告	障がいがある方にとって、理解が難しいことが多いオブジェクトがある。
ヒント	障がいがある方にとって、理解できるが、改善することで操作性が向上するオブジェクトがある。

STEP UP 作業中にアクセシビリティチェックを実行する

アクセシビリティチェックを常に実行し、結果を確認しながらプレゼンテーションを作成することができます。結果はステータスバーに表示され、クリックすると《アクセシビリティ》作業ウィンドウが表示され、詳細を確認できます。常にアクセシビリティチェックが実行される状態にする方法は、次のとおりです。

◆ステータスバーを右クリック→《アクセシビリティチェック》
※《アクセシビリティチェック》に ✓ がついている状態にします。

◆《アクセシビリティ》作業ウィンドウの《☑ 作業中にアクセシビリティチェックを実行し続ける》
※初期の設定では、《作業中にアクセシビリティチェックを実行し続ける》が ☑ になっています。お使いの環境によっては、一度アクセシビリティチェックを実行すると、☑ になる場合があります。

❸ 代替テキストの設定

音声読み上げソフトなどでプレゼンテーションの内容を読み上げる場合、表や図形、画像などがあると、正しく読み上げられず、作成者の意図したとおりに伝わらない可能性があります。そのため、表や図形、画像などには**「代替テキスト」**を設定しておきます。代替テキストは、表や図形、画像などの代わりに読み上げられる文字のことです。代替テキストを表や図形、画像などに設定しておくと、音声読み上げソフトなどを使った場合でも理解しやすいプレゼンテーションにすることができます。

アクセシビリティチェックでエラーとなった画像に、代替テキストを設定しましょう。

①《検査結果》の《エラー》の《代替テキストがありません》の一覧から「図4（スライド4）」の ∨ をクリックします。

※お使いの環境によっては、《代替テキストがありません》が《付属オブジェクトの説明》と表示されている場合があります。

②《おすすめアクション》の《説明を追加》をクリックします。

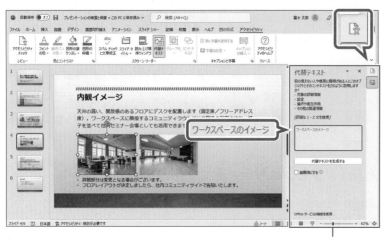

《代替テキスト》作業ウィンドウ

《代替テキスト》作業ウィンドウが表示されます。

③枠内をクリックし、「ワークスペースのイメージ」と入力します。

《アクセシビリティ》作業ウィンドウに切り替えます。

④ 🗔（アクセシビリティ）をクリックします。

《アクセシビリティ》作業ウィンドウに切り替わります。

※同様に、「図5（スライド4）」に代替テキスト「コミュニティラウンジのイメージ」を設定し、《代替テキスト》作業ウィンドウの ×（閉じる）をクリックしてウィンドウを閉じておきましょう。

⑤《検査結果》の一覧からエラーの表示がなくなっていることを確認します。

STEP UP　その他の方法（代替テキストの設定）

◆画像を選択→《図の形式》タブ→《アクセシビリティ》グループの 🖼（代替テキストウィンドウを表示します）

◆画像を右クリック→《代替テキストを表示》

※お使いの環境によっては、《代替テキストを表示》が《代替テキストの編集》と表示される場合があります。

第7章　プレゼンテーションの検査と保護

226

STEP UP 《代替テキスト》作業ウィンドウ

《代替テキスト》作業ウィンドウでは、代替テキストを入力する以外に、次のような設定ができます。

❶ 代替テキストを生成する
Officeが画像を認識して、自動で代替テキストが入力されます。
※お使いの環境によっては、「自分用の説明の生成」と表示される場合があります。

❷ 装飾用にする
✓ にすると、エラーが表示されなくなります。見栄えをよくするための画像や罫線など、読み上げる必要がない場合に設定します。
※装飾用にする方法には、《アクセシビリティ》作業ウィンドウの《検査結果》から該当箇所を選び、《おすすめアクション》→《装飾用にする》をクリックする方法もあります。

4 読み上げ順序の確認

PowerPointでは、スライド内にタイトルやテキストボックス、画像、表などのオブジェクトを自由にレイアウトできます。音声読み上げソフトなどで、プレゼンテーションの内容を読み上げる場合、複雑なレイアウトにしていたり、多くのオブジェクトを配置していたりすると、作成者の意図したとおりの順番で読み上げられない可能性があります。そのため、**《アクセシビリティ》**作業ウィンドウには、警告として読み上げ順序を確認するように表示されます。
スライド4の読み上げ順序を確認しましょう。

① 《検査結果》の《警告》の《読み上げ順序の確認》の一覧から「スライド4」の ∨ をクリックします。
② 《おすすめアクション》の《オブジェクトの順序を確認する》をクリックします。

《読み上げ順序》作業ウィンドウ

《読み上げ順序》作業ウィンドウが表示されます。
③ 読み上げ順序を確認します。
※表示されているオブジェクトの一覧の上から順番に読み上げられます。
④ 「3　テキストボックス3」をクリックします。
⑤ ∨ (下に移動) を2回クリックします。
《読み上げ順序》作業ウィンドウを閉じます。
⑥ × (閉じる) をクリックします。
※《検査結果》の一覧から警告がなくなっていることを確認し、《アクセシビリティ》作業ウィンドウを閉じておきましょう。
※ノートペインが表示されている場合は、ステータスバーの ≜ノート (ノート) をクリックして、非表示にしておきましょう。

STEP UP 《選択》作業ウィンドウ

《選択》作業ウィンドウからも、読み上げ順序の確認ができます。
《選択》作業ウィンドウを表示する方法は、次のとおりです。
◆《ホーム》タブ→《図形描画》グループの (配置) →《オブジェクトの選択と表示》
◆《ホーム》タブ→《編集》グループの 選択 ∨ (選択) →《オブジェクトの選択と表示》
※《選択》作業ウィンドウに表示されているオブジェクトは、《読み上げ順序》作業ウィンドウとは逆方向に並んでおり、一覧の下から順番に読み上げられます。

227

STEP 4 プレゼンテーションを保護する

1 パスワードを使用して暗号化

「**パスワードを使用して暗号化**」を使うと、プレゼンテーションに「**パスワード**」を設定して、セキュリティを高めることができます。
パスワードを設定すると、プレゼンテーションを開くときにパスワードの入力が求められます。
パスワードを知らないユーザーはプレゼンテーションを開くことができないため、機密性を保つことができます。

1 パスワードの設定

プレゼンテーションにパスワード「**password**」を設定しましょう。

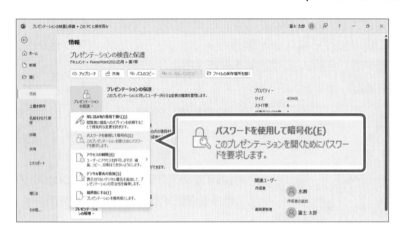

①《**ファイル**》タブを選択します。

②《**情報**》をクリックします。

③《**プレゼンテーションの保護**》をクリックします。

④《**パスワードを使用して暗号化**》をクリックします。

《**ドキュメントの暗号化**》ダイアログボックスが表示されます。

⑤《**パスワード**》に「**password**」と入力します。

※大文字と小文字が区別されます。注意して入力しましょう。

※入力したパスワードは「●」で表示されます。

⑥《**OK**》をクリックします。

《**パスワードの確認**》ダイアログボックスが表示されます。

⑦《**パスワードの再入力**》に再度「**password**」と入力します。

⑧《**OK**》をクリックします。

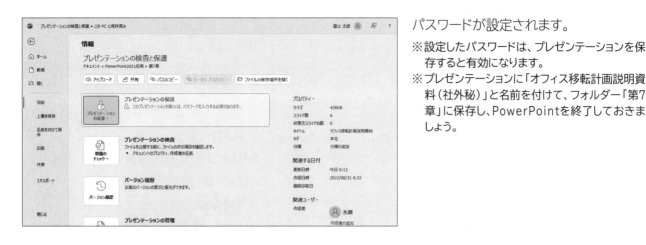

パスワードが設定されます。

※設定したパスワードは、プレゼンテーションを保存すると有効になります。

※プレゼンテーションに「オフィス移転計画説明資料(社外秘)」と名前を付けて、フォルダー「第7章」に保存し、PowerPointを終了しておきましょう。

STEP UP パスワード

設定するパスワードは推測されにくいものにしましょう。次のようなパスワードは推測されやすいので、避けた方がよいでしょう。

- ・本人の誕生日
- ・従業員番号や会員番号
- ・すべて同じ数字
- ・簡単な英単語　　　など

※本書では、操作をわかりやすくするため簡単な英単語をパスワードにしています。

2 パスワードを設定したプレゼンテーションを開く

パスワードを入力しなければ、プレゼンテーション「**オフィス移転計画説明資料(社外秘)**」が開けないことを確認しましょう。

※PowerPointを起動しておきましょう。

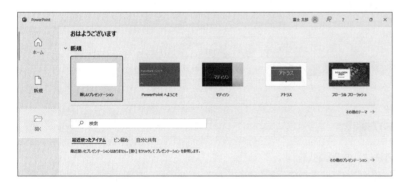

①PowerPointのスタート画面が表示されていることを確認します。

②《開く》をクリックします。

プレゼンテーションが保存されている場所を選択します。

③《参照》をクリックします。

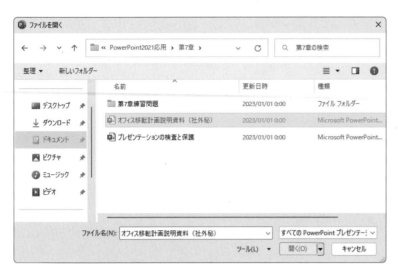

《**ファイルを開く**》ダイアログボックスが表示されます。

④左側の一覧から《**ドキュメント**》を選択します。

⑤右側の一覧から「**PowerPoint2021応用**」を選択します。

⑥《**開く**》をクリックします。

⑦「**第7章**」を選択します。

⑧《**開く**》をクリックします。

⑨「**オフィス移転計画説明資料（社外秘）**」を選択します。

⑩《**開く**》をクリックします。

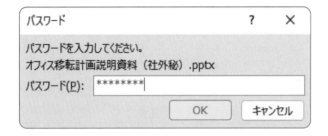

《**パスワード**》ダイアログボックスが表示されます。

⑪《**パスワード**》に「**password**」と入力します。

※入力したパスワードは「*」で表示されます。

⑫《**OK**》をクリックします。

プレゼンテーションが開かれます。

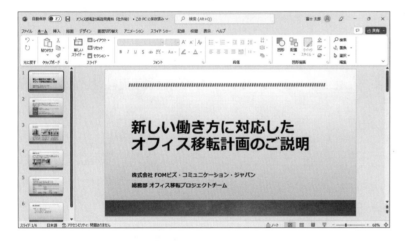

（**STEP UP**）**パスワードの解除**

設定したパスワードを解除する方法は、次のとおりです。

◆《ファイル》タブ→《情報》→《プレゼンテーションの保護》→《パスワードを使用して暗号化》→入力済みのパスワードを削除→《OK》→《上書き保存》

「**最終版にする**」を使うと、プレゼンテーションが読み取り専用になり、内容を変更できなくなります。

プレゼンテーションが完成してこれ以上変更を加えない場合は、そのプレゼンテーションを最終版にしておくと、不用意に内容を書き換えたり文字を削除したりすることを防止できます。

プレゼンテーションを最終版として保存しましょう。

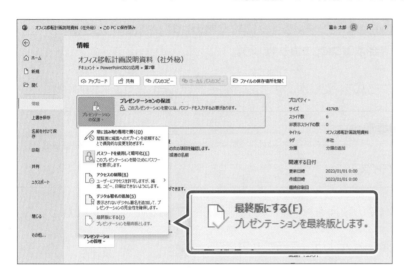

①《**ファイル**》タブを選択します。

②《**情報**》をクリックします。

③《**プレゼンテーションの保護**》をクリックします。

④《**最終版にする**》をクリックします。

図のようなメッセージが表示されます。

⑤《**OK**》をクリックします。

※最終版に関するメッセージが表示される場合は、《OK》をクリックします。

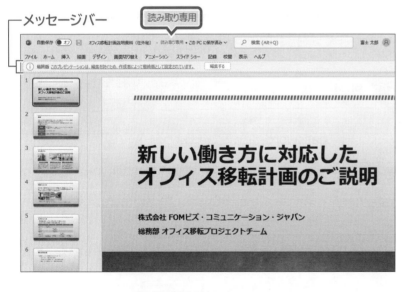

プレゼンテーションが最終版として上書き保存されます。

⑥タイトルバーに《**読み取り専用**》と表示され、最終版を表すメッセージバーが表示されていることを確認します。

※プレゼンテーションを閉じておきましょう。

POINT　**最終版のプレゼンテーションの編集**

最終版として保存したプレゼンテーションを編集できる状態に戻すには、メッセージバーの《編集する》をクリックします。

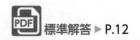
標準解答 ▶ P.12

あなたは、子どものスマートデバイス利用に関する調査を行い、その結果について報告するためのプレゼンテーションを作成しています。
次のようにプレゼンテーションを作成しましょう。

フォルダー「第7章練習問題」のプレゼンテーション「第7章練習問題」を開いておきましょう。
※自動保存がオンになっている場合は、オフにしておきましょう。

① プレゼンテーションのプロパティに、次のように情報を設定しましょう。

> 作成者　　　：竹蒲市教育委員会
> 分類　　　　：2022年度
> キーワード　：スマートデバイス

② ドキュメント検査ですべての項目を検査し、検査結果からコメントを削除しましょう。

③ プレゼンテーションのアクセシビリティをチェックしましょう。

④ アクセシビリティチェックでエラーとなったグラフ（スライド12）に、代替テキスト「フィルタリングの設定状況のグラフ」を設定しましょう。

⑤ アクセシビリティチェックでエラーとなった画像（スライド16）に、代替テキスト「ガイドブックの表紙」を設定しましょう。

⑥ アクセシビリティチェックでエラーとなった図形（スライド15）を、装飾用に設定しましょう。

HINT　図形を装飾用にするには、《おすすめアクション》→《装飾用にする》を使います。

⑦ アクセシビリティチェックでエラーとなった表（スライド11）に、タイトル行を設定しましょう。

HINT　表にタイトル行を設定するには、《おすすめアクション》→《最初の行をヘッダーとして使用》を使います。

⑧ プレゼンテーションにパスワード「password」を設定しましょう。

⑨ プレゼンテーションを最終版としてフォルダー「第7章練習問題」に保存し、PowerPointを終了しましょう。

⑩ PowerPointを起動しましょう。
次に、プレゼンテーション「第7章練習問題」を開き、パスワードが設定されていることを確認しましょう。

第 8 章

便利な機能

第8章 | この章で学ぶこと

学習前に習得すべきポイントを理解しておき、
学習後には確実に習得できたかどうかを振り返りましょう。

■ セクションが何かを説明できる。 ➡ P.235 ☑☑☑

■ プレゼンテーションにセクションを追加できる。 ➡ P.236 ☑☑☑

■ プレゼンテーションのセクション名を変更できる。 ➡ P.237 ☑☑☑

■ セクションを移動して順番を入れ替えることができる。 ➡ P.238 ☑☑☑

■ サマリーズームを作成できる。 ➡ P.240 ☑☑☑

■ 作成したサマリーズームの動きを確認できる。 ➡ P.241 ☑☑☑

■ プレゼンテーションをテンプレートとして保存できる。 ➡ P.243 ☑☑☑

■ 保存したテンプレートを利用できる。 ➡ P.244 ☑☑☑

■ プレゼンテーションをもとにWord文書の配布資料を作成できる。 ➡ P.246 ☑☑☑

■ プレゼンテーションをPDFファイルとして保存できる。 ➡ P.248 ☑☑☑

■ プレゼンテーションを録画できる。 ➡ P.250 ☑☑☑

セクションを利用する

1 セクション

スライド枚数が多いプレゼンテーションやストーリー展開が複雑なプレゼンテーションは、内容の区切りに応じて**「セクション」**に分割すると、管理しやすくなります。
例えば、セクションを入れ替えてプレゼンテーションの構成を変更したり、セクション単位でデザインを変更したり、印刷したりできます。
初期の設定では、プレゼンテーションは1つのセクションから構成されていますが、セクションを追加することで、複数のセクションに分割できます。

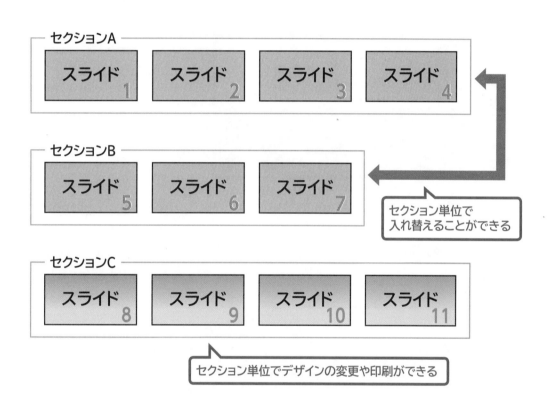

2 セクションの追加

プレゼンテーションに次のようにセクションを追加し、セクション名を設定しましょう。

スライド1〜3 ：概要	スライド10〜11：設備・仕様
スライド4〜7 ：心安らぐ住環境	スライド12 　　：問い合わせ先
スライド8〜9 ：四季の花々	

» フォルダー「第8章」のプレゼンテーション「便利な機能-1」を開いておきましょう。

※自動保存がオンになっている場合は、オフにしておきましょう。

1つ目のセクション名を設定します。

①スライド1を選択します。

※セクションの先頭のスライドを選択します。

②《ホーム》タブを選択します。

③《スライド》グループの [セクション▼] （セクション）をクリックします。

④《セクションの追加》をクリックします。

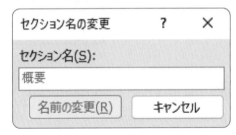

《セクション名の変更》ダイアログボックスが表示されます。

⑤《セクション名》に「概要」と入力します。

⑥《名前の変更》をクリックします。

スライド1の前にセクション名が追加されます。

⑦同様に、スライド4、スライド8、スライド10、スライド12の前にセクションを追加し、セクション名を設定します。

(STEP UP) その他の方法（セクションの追加）

◆サムネイルペインのスライドを右クリック→《セクションの追加》

POINT　セクションの削除

追加したセクションを削除する方法は、次のとおりです。

◆セクション名を選択→《ホーム》タブ→《スライド》グループの [セクション▼] （セクション）→《セクションの削除》／《すべてのセクションの削除》

※セクションを削除すると、含まれていたスライドは1つ上のセクションに統合されます。

※下に別のセクションがある場合、先頭のセクションを削除することはできません。

POINT セクションとスライドの同時削除

セクションを削除する際に、そのセクションに含まれているスライドも同時に削除することができます。

セクションとスライドを同時に削除する方法は、次のとおりです。

◆セクション名を右クリック→《セクションとスライドの削除》

---

3 セクション名の変更

セクション名は、あとから変更できます。

セクション「**四季の花々**」の名前を「**住まう楽しみ**」に変更しましょう。

①セクション名「**四季の花々**」を選択します。

※セクション名をクリックすると、セクション名とセクションに含まれるスライドが選択されます。

②《**ホーム**》タブを選択します。

③《**スライド**》グループの 🔲 セクション ▾ (セクション) をクリックします。

④《**セクション名の変更**》をクリックします。

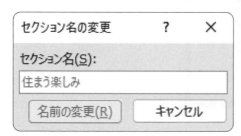

《**セクション名の変更**》ダイアログボックスが表示されます。

⑤《**セクション名**》に「**住まう楽しみ**」と入力します。

⑥《**名前の変更**》をクリックします。

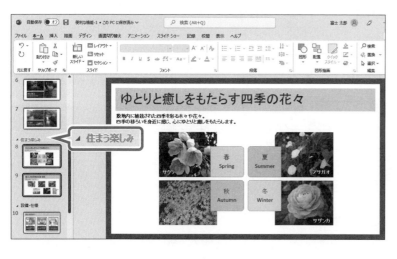

セクション名が変更されます。

1

2

3

4

5

6

7

8

総合問題

索引

237

4 セクションの移動

セクションを移動して順番を入れ替えることができます。セクションを移動すると、セクションに含まれるスライドをまとめて移動できます。

セクション「**住まう楽しみ**」とセクション「**設備・仕様**」を入れ替えましょう。

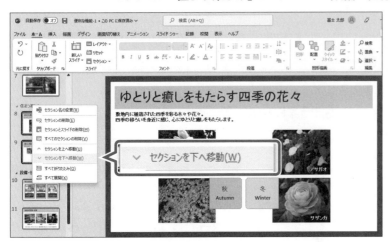

①セクション名「**住まう楽しみ**」を右クリックします。

②《**セクションを下へ移動**》をクリックします。

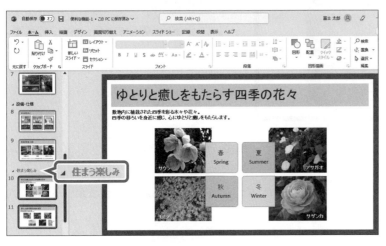

セクション「**住まう楽しみ**」がセクション「**設備・仕様**」の下に移動します。

※プレゼンテーションに「便利な機能-1完成」と名前を付けて、フォルダー「第8章」に保存し、閉じておきましょう。

STEP UP **その他の方法（セクションの移動）**

◆サムネイルペインのセクション名をドラッグ

STEP UP **セクションの折りたたみと展開**

セクションに含まれるスライドを折りたたんだり、展開したりできます。セクション内に含まれるスライドの枚数が多い場合、スライドを折りたたんだ状態でセクションを移動すると、結果が確認しやすく、効率よく操作できます。セクションを折りたたんだり、展開したりする方法は次のとおりです。

特定のセクションの折りたたみ／展開

◆セクション名をダブルクリック

すべてのセクションの折りたたみ／展開

◆《ホーム》タブ→《スライド》グループの [□ セクション ▾] （セクション）→《すべて折りたたみ》／《すべて展開》

ズームを使ってスライドを切り替える

1 ズーム

プレゼンテーション実行中にスライドを切り替える方法として、「**ズーム**」機能があります。
ズーム機能を使うと、プレゼンテーション内のスライドのサムネイル（縮小画像）を別のスライドに追加することができます。そのサムネイルをプレゼンテーションの実行中にクリックすると、サムネイルから拡大しながらスライドが切り替わるため、聞き手の印象に残る動きのあるプレゼンテーションを作成できます。
ズームには、次の3種類があります。

種類	説明
サマリーズーム	サマリーとは「要約」のことです。プレゼンテーション内の選択したスライドのサムネイルを一覧にした、目次のようなスライドを自動的に作成し、セクションへ移動するズームを設定します。 選択したスライドを先頭として、自動的にセクションが設定されます。
セクションズーム	既存のスライド上にサムネイルを追加し、セクションへ移動するズームを設定します。 事前にセクションを設定しておく必要があります。
スライドズーム	既存のスライド上にサムネイルを追加し、特定のスライドへ移動するズームを設定します。 スライドに移動後、ズームを設定したスライドには戻りません。

例：サマリーズーム

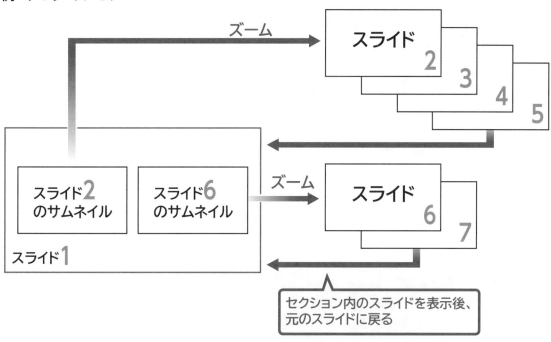

2 サマリーズームの作成

サマリーズームを使って、プレゼンテーションの先頭にスライド1、スライド5、スライド8に
ジャンプするスライドを作成しましょう。サマリーズームのスライドのタイトルに「**アンジュテラ
ス香取坂**」と入力します。

» フォルダー「第8章」のプレゼンテーション「便利な機能-2」を開いておきましょう。

※自動保存がオンになっている場合は、オフにしておきましょう。

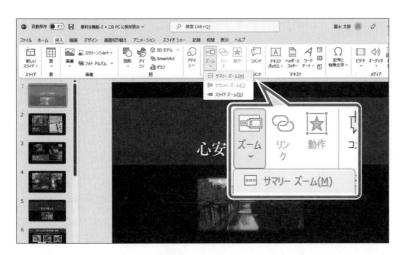

① スライド1を選択します。

※サマリーズームのスライドを挿入したい場所の
　1つ後ろのスライドを選択します。

②《**挿入**》タブを選択します。

③《**リンク**》グループの （ズーム）をク
　リックします。

④《**サマリーズーム**》をクリックします。

《**サマリーズームの挿入**》ダイアログボック
スが表示されます。

⑤ スライド1、スライド5、スライド8を☑
　にします。

⑥《**挿入**》をクリックします。

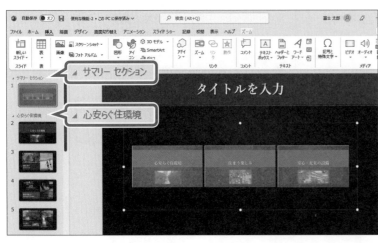

プレゼンテーションの先頭に、サマリー
ズームのスライドが挿入されます。挿入さ
れたスライドは「**サマリーセクション**」に設
定され、⑤で選択したスライドのサムネイ
ルが表示されます。

2枚目以降のスライドは、⑤で選択したス
ライドを先頭として、自動的にセクション
が設定されます。

※サムネイルの画像を選択すると、リボンに《ズー
　ム》タブが表示されます。

スライド1にタイトルを入力します。

⑦《タイトルを入力》をクリックします。

⑧「アンジュテラス香取坂」と入力します。

3 サマリーズームの確認

スライドショーを実行して、サマリーズームの動きを確認しましょう。

①《スライドショー》タブを選択します。

②《スライドショーの開始》グループの (先頭から開始)をクリックします。

スライドショーが実行されます。

③「心安らぐ住環境」のサムネイルをポイントします。

マウスポインターの形が🖑に変わります。

④クリックします。

「心安らぐ住環境」のスライドがズームで表示されます。

次のスライドを表示します。

⑤クリックします。

※ Enter を押してもかまいません。

セクション内のスライドが順に表示されます。

⑥同様に、**「水に憩う」**のスライドまで表示します。

⑦クリックします。

セクションの最後のスライドまで表示されると、サマリーズームのスライドに戻ります。

※同様に、「住まう楽しみ」「安心・充実の設備」のサマリーズームの動きを確認しておきましょう。

※確認後、[Esc]を押して、スライドショーを終了しておきましょう。

※プレゼンテーションに「便利な機能-2完成」と名前を付けて、フォルダー「第8章」に保存し、閉じておきましょう。

POINT 《ズーム》タブ

サマリーズームのスライド内でサムネイルの画像を選択すると、リボンに《ズーム》タブが表示されます。リボンの《ズーム》タブが選択されているときだけ、サムネイルの右下に遷移先のスライド番号が表示されます。スライドショー実行中やその他のタブが選択されているときは表示されません。

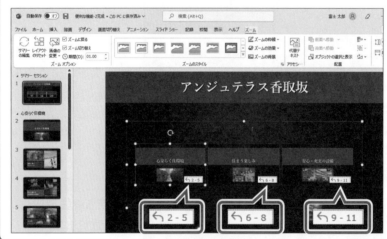

1 テンプレートとして保存

「**テンプレート**」とは、プレゼンテーションのひな形のことです。プレゼンテーションに汎用的な見出しや項目の入力、書式やスタイルの設定などをしておき、それをテンプレート化すれば、次回同じようなプレゼンテーションを作成する際に、一部の文字を入力・修正するだけで簡単に作成できるようになります。

作成したプレゼンテーションの体裁を今後も頻繁に使う場合、テンプレートとして保存しておくとよいでしょう。

プレゼンテーション「**便利な機能-3**」をテンプレートとして保存しましょう。

» フォルダー「**第8章**」のプレゼンテーション「**便利な機能-3**」を開いておきましょう。
File OPEN ※自動保存がオンになっている場合は、オフにしておきましょう。

①《**ファイル**》タブを選択します。

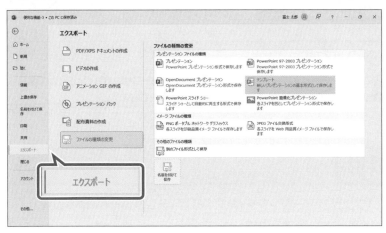

②《**エクスポート**》をクリックします。

③《**ファイルの種類の変更**》をクリックします。

④《**プレゼンテーションファイルの種類**》の《**テンプレート**》をクリックします。

⑤《**名前を付けて保存**》をクリックします。

《**名前を付けて保存**》ダイアログボックスが表示されます。

保存先を指定します。

⑥左側の一覧から《**ドキュメント**》を選択します。

⑦右側の一覧から《**Officeのカスタムテンプレート**》を選択します。

⑧《**開く**》をクリックします。

⑨《ファイル名》に「マンション紹介フォーマット」と入力します。

⑩《ファイルの種類》が《PowerPointテンプレート》になっていることを確認します。

⑪《保存》をクリックします。

タイトルバーに「マンション紹介フォーマット」と表示されます。

※テンプレートを閉じておきましょう。PowerPointを終了すると同時に閉じてもかまいません。その場合は、再度PowerPointを起動しておきましょう。

STEP UP その他の方法（テンプレートとして保存）

◆《ファイル》タブ→《名前を付けて保存》→《参照》→《ファイル名》を入力→《ファイルの種類》の✓→《PowerPointテンプレート》→《保存》

POINT テンプレートの保存先

作成したテンプレートは、任意のフォルダーにも保存できますが、《ドキュメント》内の《Officeのカスタムテンプレート》に保存すると、PowerPointのスタート画面から利用できるようになります。

2 テンプレートの利用

テンプレートをもとに新しいプレゼンテーションを作成すると、テンプレートの内容がコピーされたプレゼンテーションが表示されます。作成したプレゼンテーションは、もとのテンプレートとは別のファイルになるので、内容を書き換えても、テンプレートには影響しません。
保存したテンプレート「マンション紹介フォーマット」をもとに、新しいプレゼンテーションを作成しましょう。

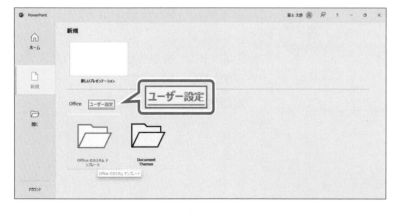

①《ファイル》タブを選択します。

※PowerPoint起動直後の画面が表示されている場合は、②に進みます。

②《新規》をクリックします。

③《ユーザー設定》をクリックします。

※お使いの環境によっては、《ユーザー設定》が《個人用》となっている場合があります。

④《Officeのカスタムテンプレート》をクリックします。

※フォルダーではなくテンプレートのファイルが表示されている場合は、⑤に進みます。

⑤《マンション紹介フォーマット》をクリック
します。

⑥《作成》をクリックします。

テンプレート「**マンション紹介フォーマット**」
の内容がコピーされ、新しいプレゼンテー
ションが作成されます。

※プレゼンテーションを保存せずに閉じておきま
しょう。

POINT **テンプレートの削除**

自分で作成したテンプレートは削除することができます。
作成したテンプレートを削除する方法は、次のとおりです。
◆タスクバーの ■ (エクスプローラー) →《ドキュメント》→《Officeのカスタムテンプレート》→作成した
テンプレートを選択→ [Delete]

STEP UP **既存のテンプレートの利用**

PowerPointには、いくつかのテンプレートが用意されています。
既存のテンプレートをもとに、新しいプレゼンテーションを作成する方法は、次のとおりです。
◆《ファイル》タブ→《新規》→《Office》→一覧から選択→《作成》
◆PowerPointを起動→《その他のテーマ》→《Office》→一覧から選択→《作成》

STEP UP **オンラインテンプレート**

インターネット上には、多くのテンプレートが公開されています。
インターネット上のホームページに公開されているテンプレートをもとに、新しいプレゼンテーションを作成する
方法は、次のとおりです。
◆《ファイル》タブ→《新規》→《オンラインテンプレートとテーマの検索》にキーワードを入力→ 🔍 (検索の開始)
→一覧から選択→《作成》
※インターネットに接続できる環境が必要です。

STEP 4 ファイル形式を指定して保存する

1 Word文書の配布資料の作成

プレゼンテーションのスライドやノートを取り込んだWord文書を作成できます。
取り込まれた内容は、Word上で編集したり印刷したりできます。

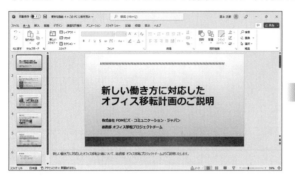

Wordで編集が可能

プレゼンテーション「**便利な機能-4**」をもとに、フォルダー「**第8章**」にWord文書「**読み上げ原稿**」を作成しましょう。スライドの横にノートが表示されるようにします。

File OPEN » **フォルダー「第8章」のプレゼンテーション「便利な機能-4」を開いておきましょう。**
※自動保存がオンになっている場合は、オフにしておきましょう。

ノートの内容を確認します。
①ステータスバーの （ノート）を
クリックします。

ノートペインが表示されます。
②ノートの内容を確認します。
Word文書の配布資料を作成します。
③《**ファイル**》タブを選択します。

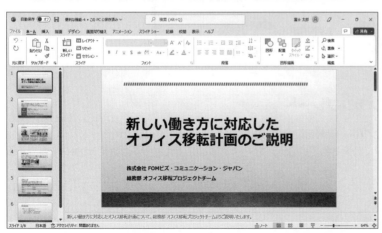

④《エクスポート》をクリックします。

⑤《配布資料の作成》をクリックします。

⑥《配布資料の作成》をクリックします。

《Microsoft Wordに送る》ダイアログボックスが表示されます。

⑦《スライド横のノート》を◉にします。

⑧《OK》をクリックします。

Wordが起動し、配布資料が作成されます。Wordに切り替えます。

⑨タスクバーのWordのアイコンをクリックします。

⑩Word文書を確認します。

※図の全体が表示されていない場合は、テーブルの列幅などのレイアウトを調整しておきましょう。

Word文書を保存します。

⑪《ファイル》タブを選択します。

⑫《名前を付けて保存》をクリックします。

⑬《参照》をクリックします。

《名前を付けて保存》ダイアログボックスが表示されます。

Word文書を保存する場所を選択します。

⑭左側の一覧から《ドキュメント》を選択します。

⑮右側の一覧から「PowerPoint2021応用」を選択します。

⑯《開く》をクリックします。

⑰「第8章」を選択します。

⑱《開く》をクリックします。

⑲《ファイル名》に「読み上げ原稿」と入力します。

⑳《保存》をクリックします。

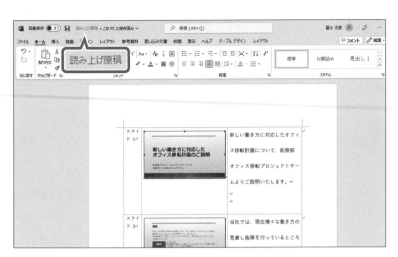

Word文書が保存されます。

※Word文書「読み上げ原稿」を閉じておきましょう。

POINT Word文書のページレイアウト

《Microsoft Wordに送る》ダイアログボックスでは、作成するWord文書のページレイアウトを設定できます。

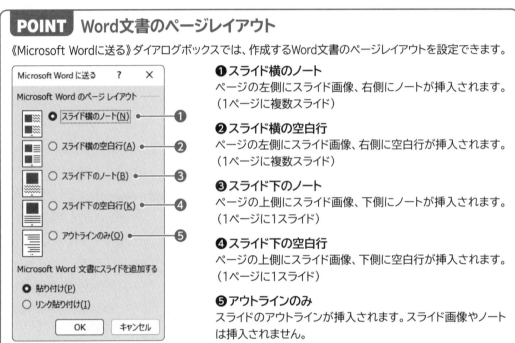

❶ スライド横のノート
ページの左側にスライド画像、右側にノートが挿入されます。（1ページに複数スライド）

❷ スライド横の空白行
ページの左側にスライド画像、右側に空白行が挿入されます。（1ページに複数スライド）

❸ スライド下のノート
ページの上側にスライド画像、下側にノートが挿入されます。（1ページに1スライド）

❹ スライド下の空白行
ページの上側にスライド画像、下側に空白行が挿入されます。（1ページに1スライド）

❺ アウトラインのみ
スライドのアウトラインが挿入されます。スライド画像やノートは挿入されません。

---

2 ## PDFファイルとして保存

「PDFファイル」とは、パソコンやスマートデバイスの機種や環境にかかわらず、作成したアプリで表示したとおりに正確に表示できるファイル形式です。作成したアプリがインストールされている必要がないので、閲覧用によく利用されています。
PowerPointでは、保存時にファイル形式を指定するだけでPDFファイルを作成できます。
プレゼンテーションに**「オフィス移転計画説明資料（社内サイト公開用）」**と名前を付けて、PDFファイルとしてフォルダー**「第8章」**に保存しましょう。

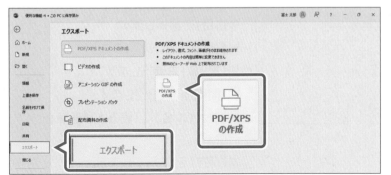

①《**ファイル**》タブを選択します。

②《**エクスポート**》をクリックします。

③《**PDF/XPSドキュメントの作成**》をクリックします。

④《**PDF/XPSの作成**》をクリックします。

《PDFまたはXPS形式で発行》ダイアログ
ボックスが表示されます。
PDFファイルを保存する場所を選択します。

⑤フォルダー「**第8章**」が開かれていること
を確認します。

※「第8章」が開かれていない場合は、《ドキュメン
ト》→「PowerPoint2021応用」→「第8章」を選
択します。

⑥《ファイル名》に「**オフィス移転計画説明
資料（社内サイト公開用）**」と入力します。

⑦《ファイルの種類》が《**PDF**》になってい
ることを確認します。

⑧《**発行後にファイルを開く**》を☑にします。

⑨《**発行**》をクリックします。

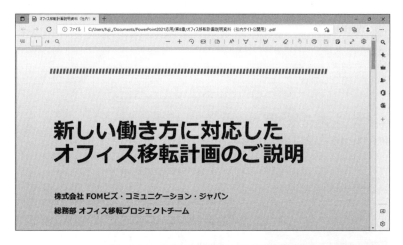

PDFファイルが作成されます。
PDFファイルを表示するアプリが起動し、
PDFファイルが開かれます。

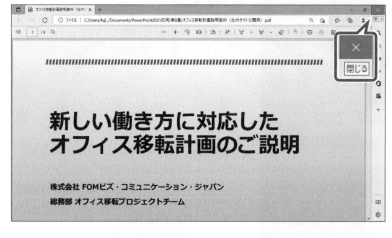

PDFファイルを閉じます。

⑩ ✕（閉じる）をクリックします。

※プレゼンテーション「便利な機能-4」を閉じてお
きましょう。

STEP UP プレゼンテーションパックの作成

「プレゼンテーションパック」とは、プレゼンテーションのファイルやそのファイルにリンクされているファイルなど
をまとめて保存したものです。保存先として、フォルダーやCDを選択できます。
ほかのパソコンでプレゼンテーションを行う場合などにプレゼンテーションパックを使うと、必要なファイルをま
とめてコピーできるので便利です。
プレゼンテーションパックを作成する方法は、次のとおりです。

◆《ファイル》タブ→《エクスポート》→《プレゼンテーションパック》→《プレゼンテーションパック》

STEP 5 プレゼンテーションを録画する

1 録画

「録画」は、プレゼンテーションのスライドの切り替えやアニメーションのタイミング、ナレーションなどのオーディオ、ペンを使った書き込みなどを含めてプレゼンテーションを保存することができる機能です。パソコン内蔵や外付けのWebカメラを使えば、発表者が話す様子も録画することができます。

デモンストレーションとして繰り返し再生するプレゼンテーションの動画を作成したり、研修や会議の欠席者に、会場と同じような臨場感のあるプレゼンテーションを見せたりする際に活用できる機能です。

※オーディオや発表者の映像を記録するには、パソコンにサウンドカード、マイク、Webカメラが必要です。

2 録画画面の表示

録画画面を表示しましょう。

File OPEN » フォルダー「第8章」のプレゼンテーション「便利な機能-5」を開いておきましょう。
※自動保存がオンになっている場合は、オフにしておきましょう。

① スライド1を選択します。
②《スライドショー》タブを選択します。
③《設定》グループの （このスライドから録画）をクリックします。

※お使いの環境によっては、 （このスライドから録画）が （現在のスライドから記録）になっている場合があります。

録画画面が表示されます。

3 録画画面の構成

録画画面の構成は次のとおりです。

※Microsoft 365のPowerPointでの画面構成については、ご購入者特典「Microsoft 365での操作方法」を参照してください。

❶ ◎（記録を開始）

3秒のカウントダウン後、録画を開始します。

※クリックすると ◎ が ⏸（記録を一時停止します）に変わります。

❷ □（記録を停止します）

録画を終了します。

❸ ▶（プレビューを開始します）

記録した録画を再生します。

※クリックすると ▶ が ⏸（プレビューを一時停止します）に変わります。

❹ ▦ ノート（スライドのノートの表示/非表示）

ノートの表示/非表示を切り替えます。

❺ ✕（既存の記録をクリアします）

記録した内容を削除します。

❻ ◀（前のスライドに戻る）

前のスライドを表示します。

※録画の実行中は利用できません。

❼ ▶（次のスライドを表示）

次のスライドを表示します。

※録画の実行中は《次のアニメーションまたはスライドに進む》に変わります。

❽ スライド番号/全スライド枚数

表示中のスライドのスライド番号とすべてのスライドの枚数が表示されます。

❾ 現在のスライドの経過時間/全スライドの時間

表示中のスライドの経過時間とすべてのスライドの時間が表示されます。

❿ ✒（レーザーポインター）

レーザーポインターを使って、スライド内を指し示します。

※レーザーポインターを解除するには、[Esc]を押します。

⓫ ◢（消しゴム）

書き込んだペンや蛍光ペンの内容を削除します。

※消しゴムを解除するには、[Esc]を押します。

⓬ ✎（ペン）

ペンを使って、スライドに書き込みできます。

※ペンを解除するには、[Esc]を押します。

⓭ ◢（蛍光ペン）

蛍光ペンを使って、スライドに書き込みできます。

※蛍光ペンを解除するには、[Esc]を押します。

⓮ 🎤（マイクをオンにする/マイクをオフにする）

マイクを使った録音のオンとオフを切り替えます。オフにするとボタンに斜線が表示されます。

⓯ 📹（カメラを有効にする/カメラを無効にする）

カメラを使った映像の録画のオンとオフを切り替えます。オフにするとボタンに斜線が表示されます。

⓰ 🖼（カメラのプレビューをオンにする/カメラのプレビューをオフにする）

カメラのプレビュー画面の表示/非表示を切り替えます。オフにするとボタンに斜線が表示されます。

⓱ カメラのプレビュー

現在、カメラに映っている内容が表示されます。録画中は、プレビューの左上に赤い●が表示されます。

4　録画の実行

録画を実行しながら、次のような操作を行いましょう。

> ・ノートに入力されているナレーション原稿を読み上げながらスライドショーを実行
> ・スライド2：「邸宅型マンション」を蛍光ペンで強調

①マイク、カメラ、カメラのプレビューが
オンになっていることを確認します。

※オフになっている場合は、ボタンに斜線が表示
されます。

② ![ノート] （スライドのノートの表示/非表
示）をクリックします。

※ノートが表示されている場合は、③に進みます。

ノートが表示されます。

③ ⓞ（記録を開始）をクリックします。

3秒のカウントダウンのあと、録画が開始
されます。

④ナレーション原稿を読み上げます。

⑤ ▶（次のアニメーションまたはスライド
に進む）をクリックします。

※Microsoft 365のPowerPointの場合は、▶
（次のスライドを表示）をクリックします。

スライド2が表示されます。

⑥ナレーション原稿を読み上げます。

⑦ ✎ (蛍光ペン) をクリックします。

マウスポインターの形が ▮ に変わります。

⑧**「邸宅型マンション」**の文字上をドラッグします。

※ Esc を押して、蛍光ペンを解除しておきましょう。

⑨ ▶ (次のアニメーションまたはスライドに進む) をクリックして、同様に最後のスライドまで進めます。

※Microsoft 365のPowerPointの場合は、 ▷ (次のスライドを表示) をクリックします。

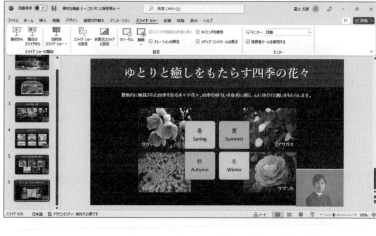

録画が終了し、標準表示モードに戻ります。

※Microsoft 365のPowerPointの場合は、 ＜ 編集 (プレゼンテーションを編集する) をクリックして、標準表示モードに戻ります。

スライドの右下にカメラで撮影されたビデオ (動画) が挿入されます。

※カメラを使用せず音声だけを記録した場合は、オーディオ (音声) が挿入されます。

※スライドショーを実行して、記録されたタイミングを確認しておきましょう。

※プレゼンテーションに「便利な機能-5完成」と名前を付けて、フォルダー「第8章」に保存し、閉じておきましょう。

STEP UP　録画のクリア

記録したタイミングやナレーションなどを削除する方法は、次のとおりです。

◆録画画面の ☒（既存の記録をクリアします）

※Microsoft 365のPowerPointの場合は、録画画面の ⋯（記録用のその他のオプションを選択します）→《記録のクリア》と操作します。

◆《スライドショー》タブ→《設定》グループの 🎬（このスライドから録画）の 🎬▾ →《クリア》

※お使いの環境によっては、🎬（このスライドから録画）が 🎬（現在のスライドから記録）になっている場合があります。

STEP UP　記録したビデオのキャプション

記録したビデオが挿入された際、アクセシビリティの警告「オーディオとビデオにキャプションを使用する」が表示されます。必要に応じて、キャプションを挿入します。

※キャプションの挿入方法やキャプションファイルの作成方法は、P.103を参照してください。

STEP UP　《記録》タブ

《記録》タブには、オーディオやビデオを挿入したり、スライドショーでのナレーションやアニメーションのタイミングを記録したりするボタンが集約されています。

※お使いの環境によっては、《記録》タブの内容が異なる場合があります。

❶このスライドから録画

ナレーション、画面切り替えやアニメーションのタイミング、インクなどを記録します。

※お使いの環境によっては、《このスライドから録画》が《現在のスライドから記録》になっている場合があります。

❷スクリーンショットをとる

デスクトップに表示された画面のスクリーンショットをとります。

❸自動再生に設定された画面録画を挿入する

パソコンを操作する画面を録画して、ビデオとして挿入します。開始のタイミングは「自動」に設定されます。

❹自動再生に設定されたビデオを挿入する

ビデオを挿入します。開始のタイミングは「自動」に設定されます。

❺自動再生に設定されたオーディオを挿入する

オーディオを挿入します。開始のタイミングは「自動」に設定されます。

❻ショーとして保存

プレゼンテーションをPowerPointスライドショー形式で保存します。保存したファイルをダブルクリックすると、スライドショーとして開かれます。

❼ビデオにエクスポート

プレゼンテーションをビデオとして保存します。

練習問題

 標準解答 ▶ P.13

あなたは、子どものスマートデバイス利用に関する調査を行い、その結果を定例会で報告するため、配布資料と発表資料を作成しています。
完成図のようなプレゼンテーションを作成しましょう。

 » フォルダー「第8章練習問題」のプレゼンテーション「第8章練習問題」を開いておきましょう。
※自動保存がオンになっている場合は、オフにしておきましょう。

●完成図

セクション「表紙」

セクション「調査概要」

セクション「調査結果」

セクション「総括」

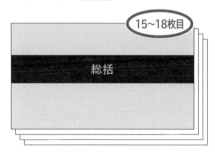

セクション「ガイドブックの概要」

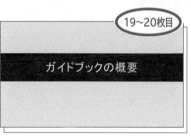

① プレゼンテーションに次のようにセクションを追加し、セクション名を設定しましょう。

スライド1	：表紙
スライド2〜5	：総括
スライド6〜7	：調査概要
スライド8〜18	：調査結果
スライド19〜20	：ガイドブックの概要

② すべてのセクションを折りたたみましょう。

HINT セクションを折りたたむには、《ホーム》タブ→《スライド》グループの [⬛ セクション ▾] (セクション) を使います。

③ セクション「総括」をセクション「調査結果」の下へ移動しましょう。移動後、すべてのセクションを展開して表示しましょう。

HINT セクションの移動は、セクション名をドラッグすると効率的です。

④ プレゼンテーションに「**調査報告書（1月度定例会配布資料）**」と名前を付けて、PDFファイルとして、フォルダー「**第8章練習問題**」に保存しましょう。
次に、作成したPDFファイルを開いて確認し、閉じておきましょう。

※プレゼンテーションに「配布資料完成」と名前を付けて、フォルダー「第8章練習問題」に保存しておきましょう。

完成図のようなプレゼンテーションを作成しましょう。

●**完成図**

セクション「サマリーセクション」

1枚目

セクション「調査概要」

2〜3枚目

セクション「調査結果」

4〜14枚目

セクション「総括」

15〜18枚目

セクション「ガイドブックの概要」

19〜20枚目

⑤ セクション「**表紙**」を、含まれているスライドごと削除しましょう。

HINT セクションとスライドを同時に削除するには、セクション名を右クリック→《セクションとスライドの削除》を使います。

⑥ サマリーズームを使って、プレゼンテーションの先頭にスライド1、スライド3、スライド14、スライド18にジャンプするスライドを作成しましょう。
次に、サマリーズームのスライドのタイトルに「**子どものスマートデバイス利用に関する調査報告**」と入力しましょう。

⑦ スライドショーを実行して、サマリーズームの動きを確認しましょう。

※プレゼンテーションに「発表資料完成」と名前を付けて、フォルダー「第8章練習問題」に保存し、閉じておきましょう。

総合問題

Exercise

総合問題1

標準解答 ▶ P.14

あなたは、飲料メーカーで商品のプロモーションを担当しており、2023年度上期の販促キャンペーンを社内で提案するためのプレゼンテーションを作成することになりました。
完成図のようなプレゼンテーションを作成しましょう。

フォルダー「総合問題1」のプレゼンテーション「総合問題1」を開いておきましょう。

※自動保存がオンになっている場合は、オフにしておきましょう。
※標準解答は、FOM出版のホームページで提供しています。P.4「5 学習ファイルと標準解答のご提供について」を参照してください。

● 完成図

1枚目

2枚目

3枚目
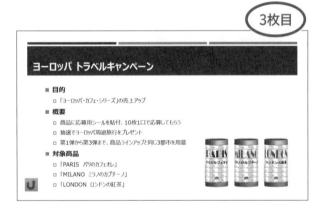

4枚目
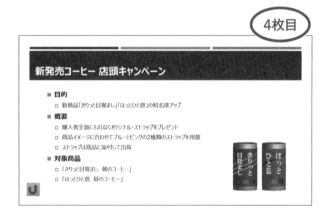

5枚目
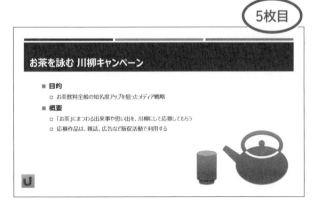

6枚目

① スライド3に、フォルダー**「総合問題1」**の画像**「パリ」「ミラノ」「ロンドン」**をまとめて挿入しましょう。
次に、3つの画像のサイズを高さ**「5.5cm」**、幅**「2.81cm」**に変更し、完成図を参考に、左から**「パリ」「ミラノ」「ロンドン」**と並ぶように、位置を調整しましょう。

HINT 画像をまとめて挿入するには、《図の挿入》ダイアログボックスで複数画像を選択して挿入します。

② スライド5に、図形を組み合わせて湯呑のイラストを作成しましょう。

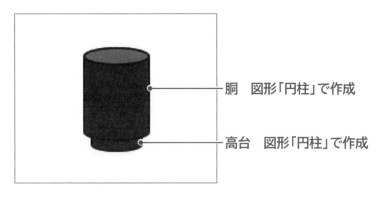

胴　図形**「円柱」**で作成

高台　図形**「円柱」**で作成

③ 湯呑の胴と高台をグループ化しましょう。

④ スライド5に、図形を組み合わせて急須のイラストを作成しましょう。

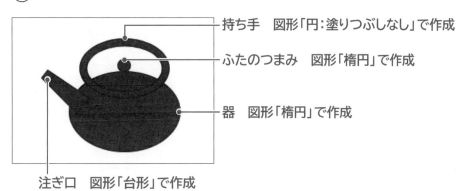

持ち手　図形**「円：塗りつぶしなし」**で作成

ふたのつまみ　図形**「楕円」**で作成

器　図形**「楕円」**で作成

注ぎ口　図形**「台形」**で作成

⑤ 急須の持ち手と器を**「型抜き/合成」**で結合しましょう。

⑥ 急須の持ち手と器、ふたのつまみ、注ぎ口を**「接合」**で結合しましょう。

⑦ 湯呑と急須のイラストに図形のスタイル**「グラデーション-オリーブ、アクセント2」**を適用しましょう。

⑧ スライド6に、フォルダー**「総合問題1」**のExcelブック**「実施スケジュール」**の表を、貼り付け先のスタイルを使用して貼り付けましょう。
次に、完成図を参考に、挿入した表の位置とサイズを調整しましょう。

⑨ 表に、次のように書式を設定しましょう。

フォントサイズ　：16ポイント
表のスタイル　：中間スタイル2-アクセント2

⑩ 表の1行目を強調し、行方向に縞模様を設定しましょう。
次に、1行目のフォントの色を**「黒、テキスト1」**に変更しましょう。

⑪ 表の2～7行目の行の高さを均一にしましょう。

HINT 行の高さを揃えるには、《レイアウト》タブ→《セルのサイズ》グループの [田 高さを揃える] （高さを揃える）を使います。

⑫ スライド2の箇条書きの文字をクリックすると、次のリンク先にジャンプするように設定しましょう。

箇条書き	リンク先
ヨーロッパ トラベルキャンペーン	スライド3
新発売コーヒー 店頭キャンペーン	スライド4
お茶を読む 川柳キャンペーン	スライド5

⑬ スライド3に、完成図を参考に、スライド2に戻る動作設定ボタンを作成しましょう。

⑭ スライド3の動作設定ボタンに、図形のスタイル**「パステル-オリーブ、アクセント2」**を適用しましょう。

⑮ スライド3の動作設定ボタンを、スライド4とスライド5にコピーしましょう。

⑯ スライド2からスライドショーを実行し、スライド2からスライド5までに設定したリンクを確認しましょう。

⑰ プレゼンテーション内の**「読む」**という単語を、すべて**「詠む」**に置換しましょう。

※プレゼンテーションに「総合問題1完成」と名前を付けて、フォルダー「総合問題1」に保存し、閉じておきましょう。

総合問題2

PDF 標準解答 ▶ P.16

あなたは、スイーツの専門店に勤務しており、お店のフェア開催のお知らせをするため、案内はがきを作成することになりました。
完成図のようなはがきを作成しましょう。

 » PowerPointを起動し、新しいプレゼンテーションを作成しておきましょう。

● 完成図

Anniversary Fair

2023.4.10(Mon)〜4.23(Sun) ⑤

おかげさまで5周年。日ごろのご愛顧に感謝してアニバーサリーフェアを開催します。

アニバーサリーフェア期間中、店内全品20%オフ！
さらに、2,000円以上お買い上げいただいたお客様
先着100名様にお好きなマカロンを3つプレゼント！ ⑲

スイーツの家Pamomo
東京都目黒区自由が丘X-X-X ⑪
TEL　03-XXXX-XXXX

① スライドのサイズを「はがき」、スライドの向きを「縦」に設定しましょう。

② スライドのレイアウトを「白紙」に変更しましょう。

③ プレゼンテーションのテーマの配色を「黄色がかったオレンジ」に変更しましょう。

④ グリッド線とガイドを表示し、次のように設定しましょう。

> 描画オブジェクトをグリッド線に合わせる
> グリッドの間隔　　　　：5グリッド/cm（0.2cm）
> 水平方向のガイドの位置：中心から上側に2.40
> 　　　　　　　　　　　　中心から下側に2.00
> 　　　　　　　　　　　　中心から下側に4.40

(HINT) ガイドは3本作成します。2、3本目のガイドは、1本目をコピーします。

⑤ 完成図を参考に、長方形を作成し、次のように入力しましょう。長方形の高さは上側の水平方向のガイドに合わせます。

> Anniversary␣Fair〔Enter〕
> 2023.4.10（Mon）～4.23（Sun）〔Enter〕
> 〔Enter〕
> おかげさまで5周年。日ごろのご愛顧に感謝してアニバーサリーフェアを開催します。

※英数字と記号は半角で入力します。
※「～」は「から」と入力して変換します。
※␣は半角空白を表します。

⑥ 長方形に、次のように書式を設定しましょう。

> フォントサイズ：11ポイント
> 図形の枠線　　：枠線なし

⑦ 長方形の「**Anniversary Fair**」に、次のように書式を設定しましょう。

> フォントサイズ：32ポイント
> フォントの色　：茶、アクセント4、黒+基本色50%
> 太字
> 文字の影

⑧ 長方形の「2023.4.10（Mon）～4.23（Sun）」に、次のように書式を設定しましょう。

> フォントサイズ：14ポイント
> フォントの色　：茶、アクセント4、黒+基本色50%
> 太字

⑨ 長方形の「おかげさまで5周年。日ごろのご愛顧に感謝してアニバーサリーフェアを開催します。」に、次のように書式を設定しましょう。

> フォントの色：黒、テキスト1
> 左揃え

⑩ フォルダー「**総合問題2**」の画像「**花**」を挿入しましょう。
次に、画像をトリミングしましょう。トリミングの範囲は、上側と中央の水平方向のガイドに合わせます。

⑪ 完成図を参考に、長方形を作成し、次のように入力しましょう。長方形の高さは下側の水平方向のガイドに合わせます。

スイーツの家Pamomo⌷Enter⌷
東京都目黒区自由が丘X-X-X⌷Enter⌷
TEL□03-XXXX-XXXX

※英数字と記号は半角で入力します。
※□は全角空白を表します。

⑫ ⑪で作成した長方形に、次のように書式を設定しましょう。

フォントサイズ　：9ポイント
右揃え
図形のスタイル　：グラデーション-茶、アクセント2
図形の枠線　　　：枠線なし

⑬ ⑪で作成した長方形の「**スイーツの家Pamomo**」に、次のように書式を設定しましょう。

フォントサイズ　　　　　：16ポイント
ワードアートのスタイル　：塗りつぶし：白;輪郭：オレンジ、アクセントカラー1;光彩：オレンジ、アクセントカラー1
文字の輪郭　　　　　　　：オレンジ、アクセント6、白+基本色40%

(HINT) ワードアートのスタイルと文字の輪郭を設定するには、《図形の書式》タブ→《ワードアートのスタイル》グループを使います。

⑭ 次のように図形を組み合わせて、家のイラストを作成しましょう。
※画面の表示倍率を上げると、操作しやすくなります。

煙突　図形「正方形/長方形」で作成
　　　屋根　図形「二等辺三角形」で作成

　　　ドア　図形「四角形：上の2つの角を丸める」で作成
　　壁　図形「正方形/長方形」で作成

⑮ 屋根と煙突、壁を「**接合**」で結合しましょう。

⑯ 屋根と煙突、壁、ドアをグループ化しましょう。

⑰ 家のイラストに図形のスタイル「**透明、色付きの輪郭-オレンジ、アクセント1**」を適用しましょう。

⑱ 「花」の画像の下に横書きテキストボックスを作成し、次のように入力しましょう。

アニバーサリーフェア期間中、店内全品20%オフ！ Enter
さらに、2,000円以上お買い上げいただいたお客様 Enter
先着100名様にお好きなマカロンを3つプレゼント！

※数字と「,（カンマ）」は半角で入力します。

⑲ テキストボックスのフォントサイズを「**9ポイント**」に変更し、完成図を参考に位置を調整しましょう。テキストボックスの上端は中央の水平方向のガイドに合わせます。

⑳ フォルダー「**総合問題2**」の画像「**マカロン（ピンク）**」「**マカロン（黄）**」「**マカロン（茶）**」「**マカロン（白）**」「**マカロン（緑）**」を挿入し、次のように設定しましょう。
　次に、完成図を参考に位置を調整しましょう。

背景を削除
縦横比「1：1」にトリミング
幅：1.3cm

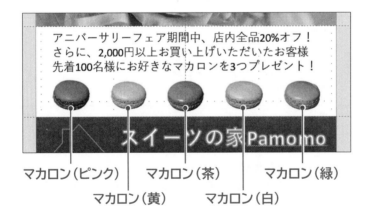

マカロン（ピンク）　　マカロン（茶）　　　マカロン（緑）

マカロン（黄）　　　マカロン（白）

㉑ 次のように5つのマカロンの画像を回転し、等間隔に配置しましょう。

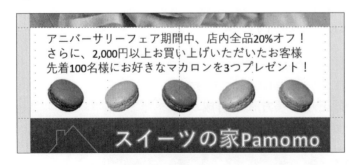

㉒ グリッド線とガイドを非表示にしましょう。

※はがきに「総合問題2完成」と名前を付けて、フォルダー「総合問題2」に保存し、閉じておきましょう。

総合問題3

 標準解答 ▶ P.19

あなたは、食品会社の経理部に所属しており、2022年度の決算について報告するためのプレゼンテーションを作成することになりました。
完成図のようなプレゼンテーションを作成しましょう。

» フォルダー「総合問題3」のプレゼンテーション「総合問題3」を開いておきましょう。
※自動保存がオンになっている場合は、オフにしておきましょう。

●完成図

1枚目

2022年度決算報告

FOMフーズ株式会社

2枚目

2022年度 事業概況

景気低迷
節約志向
低価格志向

- 原価高騰による厳しい市場環境の中、2年連続の営業黒字を達成
- 新シリーズ「ごはんにのっける」が予想を超える売れ行き
- 長期生鮮保存を可能にするパッキング技術の研究開発に投資
- 海外事業拡大のための基盤づくりに着手

©2023 FOMフーズ株式会社 All Rights Reserved.

3枚目

損益計算書（P/L）
（自2022年4月1日～至2023年3月31日）

科目	2022年度実績 （千円）	前年比増減 （千円）	前年比増減率
売上高	193,524	4,656	2.5%
売上原価	115,805	1,942	1.7%
売上総利益	77,719	2,714	3.6%
販売費及び一般管理費	66,147	1,056	1.6%
営業利益	11,572	1,658	16.7%
営業外収益	923	-159	-14.7%
営業外費用	769	-463	-37.6%
経常利益	11,726	1,962	20.1%
特別利益	137	-632	-82.2%
特別損失	655	-621	-48.7%
税引前当期純利益	11,208	1,951	21.1%
法人税・住民税及び事業税	3,317	1,016	44.2%
当期純利益	7,891	935	13.4%

©2023 FOMフーズ株式会社 All Rights Reserved.

4枚目

利益・売上高推移
（自2018年度～至2022年度）

営業利益・当期純利益
売上高

- 営業利益
- 当期純利益
- 売上高

2018年度　2019年度　2020年度　2021年度　2022年度

©2023 FOMフーズ株式会社 All Rights Reserved.

5枚目

貸借対照表（B/S）
（2023年3月31日現在）

科目	金額（千円）	科目	金額（千円）
流動資産	19,658	流動負債	14,724
現金預金	9,512	買入債務	6,084
売上債権	6,772	その他	8,640
有価証券	36	固定負債	5,166
棚卸資産	2,315	社債	3,232
短期貸付金	207	長期借入金	1,467
その他	816	退職給付引当金	1,467
固定資産	24,630	その他	467
有形固定資産	3,329	負債合計	19,890
無形固定資産	146	資本金	2,094
投資その他の資産	21,155	資本剰余金	2,397
投資有価証券	20,864	利益剰余金	19,907
長期貸付金	41	（うち当期純利益）	7,891
その他	250	資本合計	24,398
資産合計	44,288	負債及び資本合計	44,288

©2023 FOMフーズ株式会社 All Rights Reserved.

6枚目

2023年度 事業戦略

安心安全は絶対条件
- 製品衛生管理体制の強化
- 長期生鮮保存の新パッキングの導入実現を目指す

節約志向への対応
- 節約項目の首位は食費
- 「毎日食べても飽きない」をコンセプトに、低価格商品を提供

こだわりグルメ志向への対応
- 「おいしいものにはお金を出す」消費者ニーズに応える商品を提供
- 「たまにはぜいたく」をコンセプトに、節約志向の消費者にも訴求する商品を提供

外食率低下をビジネスチャンスに
- 「簡単ひと手間でごちそうに」をコンセプトに、共働き家庭に訴求する商品を提供

©2023 FOMフーズ株式会社 All Rights Reserved.

① タイトルスライド以外のすべてのスライドに、スライド番号とフッター「©2023␣FOMフーズ株式会社␣All␣Rights␣Reserved.」を挿入しましょう。

※「©」は、「c」と入力して変換します。
※英数字と記号は半角で入力します。
※「␣」は半角空白を表します。

② スライドマスターを表示しましょう。

③ 次のように、共通のスライドマスターにあるスライド番号のプレースホルダーのサイズと位置を調整しましょう。

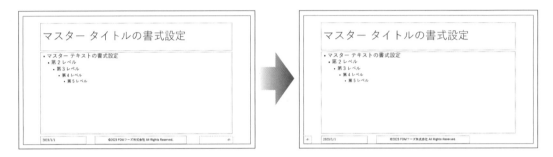

④ 次のように、共通のスライドマスターにあるフッターのプレースホルダーのサイズと位置を調整しましょう。

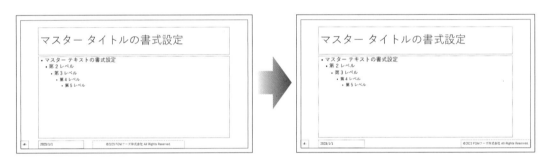

⑤ 共通のスライドマスターのタイトルのプレースホルダーに、次のように書式を設定しましょう。

フォント：游明朝
中央揃え

⑥ タイトルスライドのスライドマスターにある、タイトルとサブタイトルのプレースホルダーの位置とサイズをそれぞれ調整しましょう。

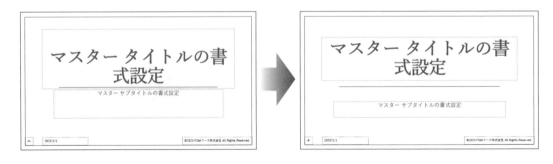

⑦ タイトルスライドのスライドマスターのタイトルとサブタイトルの間にある直線の太さを、「**2.25pt**」に変更しましょう。

⑧ タイトルスライドのスライドマスターに横書きテキストボックスを作成し、「**ff**」と半角で入力しましょう。
次に、テキストボックスに次のように書式を設定しましょう。

```
フォント      ：Times New Roman
フォントサイズ：350ポイント
フォントの色  ：薄い青、背景2
太字
斜体
```

⑨ ⑧で作成したタイトルスライドのスライドマスターのテキストボックスを、最背面に移動しましょう。

⑩ スライドマスターを閉じましょう。

⑪ スライド3に、フォルダー「**総合問題3**」のExcelブック「**財務諸表**」のシート「**損益計算書**」の表を、元の書式を保持して貼り付けましょう。

⑫ スライド3の表のフォントサイズを「**14**」ポイントに変更しましょう。
次に、完成図を参考に、表の位置とサイズを調整しましょう。

⑬ スライド4に、Excelブック「**財務諸表**」のシート「**売上高推移**」のグラフを、元の書式を保持して埋め込みましょう。

⑭ スライド4のグラフのフォントサイズを「**14**」ポイントに変更しましょう。
次に、完成図を参考に、グラフの位置とサイズを調整しましょう。

⑮ スライド5に、Excelブック「**財務諸表**」のシート「**貸借対照表**」の表を埋め込みましょう。
次に、完成図を参考に、表の位置とサイズを調整しましょう。

※プレゼンテーションに「総合問題3完成」と名前を付けて、フォルダー「総合問題3」に保存し、閉じておきましょう。

あなたは、学校法人に勤務しており、広報を担当しています。関連する複数の資料をもとに、次年度の入学希望者の保護者に向けた、学校案内のプレゼンテーションを作成することになりました。

完成図のようなプレゼンテーションを作成しましょう。

 » フォルダー「総合問題4」のプレゼンテーション「総合問題4」を開いておきましょう。
※自動保存がオンになっている場合は、オフにしておきましょう。

●完成図
※設問⑯でカメラを有効にして録画した場合、各スライドの右下にカメラで撮影されたビデオ（動画）が挿入されますが、完成図では省略しています。

セクション「表紙」

1枚目

セクション「学校概要」

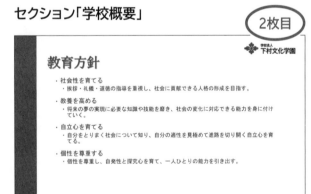

2枚目

3枚目

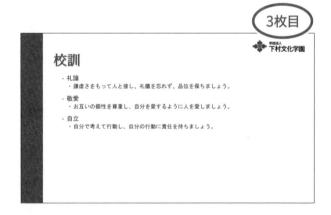

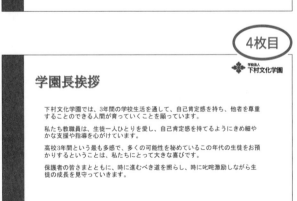

4枚目

5枚目

セクション「学科と進路」

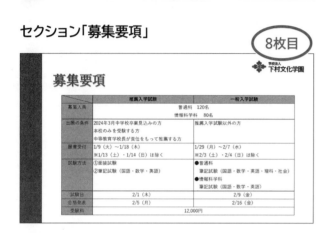

6枚目

学科紹介

学校法人
下村文化学園

普通科	総合進学コース
	地域探求コース
	国際探求コース
情報科学科	情報システムコース
	会計ビジネスコース

7枚目

進路状況

学校法人
下村文化学園

セクション「募集要項」

8枚目

募集要項

学校法人
下村文化学園

	推薦入学試験	一般入学試験
募集人員	普通科　120名　　情報科学科　80名	
出願の条件	2024年3月中学校卒業見込みの方 本校のみを受験する方 中等教育学校長が責任をもって推薦する方	推薦入学試験以外の方
願書受付	1/9（火）〜1/18（木） ※1/13（土）・1/14（日）は除く	1/29（月）〜2/7（水） ※2/3（土）・2/4（日）は除く
試験方法	①面接試験 ②筆記試験（国語・数学・英語）	●普通科 　筆記試験（国語・数学・英語・理科・社会） ●情報科学科 　筆記試験（国語・数学・英語）
試験日	2/1（木）	2/9（金）
合格発表	2/5（月）	2/16（金）
受験料	12,000円	

① スライド1の後ろに、フォルダー**「総合問題4」**のWord文書**「学校案内文章」**を挿入しましょう。
※Word文書「学校案内文章」には、見出し1から見出し3までのスタイルが設定されています。

② スライド2からスライド5をリセットしましょう。
次に、スライド4とスライド5のレイアウトを**「タイトルのみ」**に変更しましょう。

③ スライド3の後ろに、フォルダー**「総合問題4」**のプレゼンテーション**「学校概要」**のすべてのスライドを挿入しましょう。

④ スライドマスターを表示しましょう。

⑤ 共通のスライドマスターのタイトルのプレースホルダーに、次のように書式を設定しましょう。

> **フォント：游明朝**
> **文字の影**

⑥ 次のように、共通のスライドマスターの右側にある長方形の位置を変更しましょう。

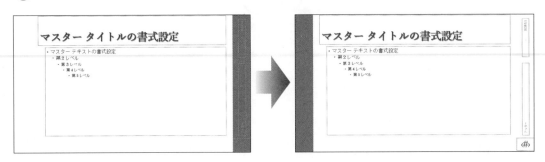

⑦ 共通のスライドマスターに、フォルダー「**総合問題4**」の画像「**学校ロゴ**」を挿入しましょう。
次に、完成図を参考に、画像のサイズと位置を調整しましょう。

⑧ タイトルスライドのスライドマスターに、フォルダー「**総合問題4**」の画像「**生徒**」を挿入しましょう。
次に、完成図を参考に画像をトリミングし、位置とサイズを調整しましょう。

⑨ ⑧で挿入した画像の色のトーンを「**7200K**」に変更しましょう。

⑩ スライドマスターを閉じましょう。

⑪ 現在のデザインをテーマ「**学校案内**」として保存しましょう。

⑫ スライド7に、フォルダー「**総合問題4**」のExcelブック「**進路状況**」のシート「**構成比**」のグラフを、元の書式を保持して埋め込みましょう。
次に、完成図を参考に、グラフのサイズと位置を調整しましょう。

⑬ スライド8に、Excelブック「**募集要項**」の表を図として貼り付けましょう。
次に、完成図を参考に、図のサイズと位置を調整しましょう。

⑭ プレゼンテーションに次のようにセクションを追加し、セクション名を設定しましょう。

スライド1	**：表紙**
スライド2～5	**：学校概要**
スライド6～7	**：学科と進路**
スライド8	**：募集要項**

⑮ プレゼンテーションのアクセシビリティをチェックし、検査結果に表示された図に代替テキスト「**推薦入学試験と一般入学試験の募集要項の表**」を設定しましょう。

⑯ 録画を実行し、すべてのスライドを順に切り替えましょう。切り替えのタイミングは任意とします。

※プレゼンテーションに「総合問題4完成」と名前を付けて、フォルダー「総合問題4」に保存し、閉じておきましょう。

総合問題5

あなたは、学校法人に勤務しており、広報を担当しています。次年度の入学希望者の保護者に向けた、学校案内のプレゼンテーションを作成することになり、配布用資料の準備をしているところです。
完成図のようなプレゼンテーションを作成しましょう。

≫ フォルダー「総合問題5」のプレゼンテーション「総合問題5」を開いておきましょう。
※自動保存がオンになっている場合は、オフにしておきましょう。

●完成図

1枚目

2枚目
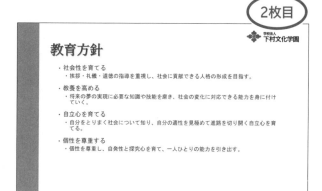

3枚目
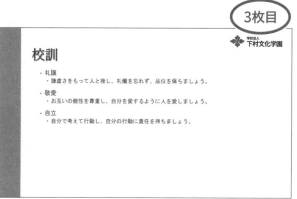

4枚目
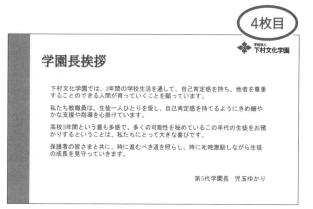

5枚目
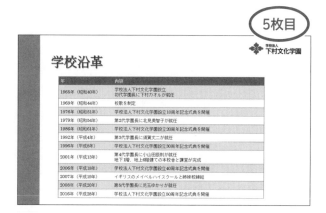

6枚目
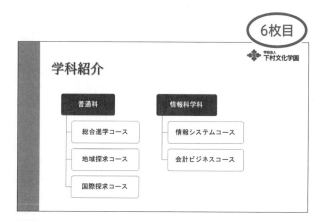

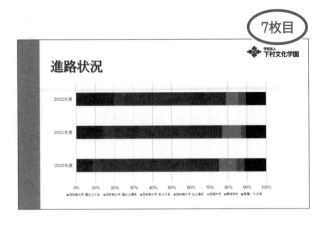

① 開いているプレゼンテーション「**総合問題5**」とプレゼンテーション「**教務チェック結果**」を比較し、校閲を開始しましょう。

② 1件目の変更内容（スライド4）を確認し、 （変更履歴マーカー）を使って「**教務チェック結果**」の変更内容を反映しましょう。

③ 2件目の変更内容（スライド6）を確認し、《**変更履歴**》ウィンドウに「**教務チェック結果**」のスライドを表示しましょう。
次に、「**教務チェック結果**」の変更内容を反映しましょう。

④ 校閲を終了しましょう。

⑤ スライド8に、「**最新情報を確認**」とコメントを挿入しましょう。

⑥ プレゼンテーションのプロパティに、次のように情報を設定しましょう。

管理者：入試広報部
会社名：下村文化学園

---

⑦ ドキュメント検査を行ってすべての項目を検査し、検査結果からコメントを削除しましょう。

⑧ プレゼンテーションに「**2024年度学校案内（配布用）**」と名前を付けて、PDFファイルとしてフォルダー「**総合問題5**」に保存しましょう。

⑨ プレゼンテーションを開く際のパスワード「**password**」を設定しましょう。

⑩ プレゼンテーションを最終版として保存しましょう。

※プレゼンテーションを閉じておきましょう。

索 引

Index

索引

索引

おわりに

最後まで学習を進めていただき、ありがとうございました。PowerPointの学習はいかがでしたか?

本書でご紹介した画像の加工やグラフィックの活用、動画や音声の活用、スライドのカスタマイズは、PowerPointで作るアウトプットの表現の幅を広げる際に役立ちます。また、ほかのアプリとの連携、校閲、検査と保護などは、業務を効率よく進めたり、業務の質を高めたりする際に役立ちます。

もし、難しいなと思った部分があったら、練習問題を活用して、学習内容を振り返ってみてください。繰り返すことで、より理解が深まり、操作が身に付きます。

本書の学習で作成するアウトプットは、スライドを切り替えながら説明する想定のプレゼンテーションや印刷物(ちらしやはがき)が中心でしたが、PowerPointは、動画作成が簡単に行えるソフトでもあります。

「よくわかる ここまでできる!パワーポイント動画作成テクニック」では、PowerPointの機能だけを使って、様々な表現の動画を作る方法を学ぶことができます。ぜひ、こちらも挑戦してみてください。Let's Challenge!!

FOM出版

FOM出版テキスト 最新情報 のご案内

FOM出版では、お客様の利用シーンに合わせて、最適なテキストをご提供するために、様々なシリーズをご用意しています。

FOM出版 　🔍 検索

https://www.fom.fujitsu.com/goods/

FAQのご案内

[テキストに関する よくあるご質問]

FOM出版テキストのお客様Q&A窓口に皆様から多く寄せられたご質問に回答を付けて掲載しています。

FOM出版　FAQ 　🔍 検索

https://www.fom.fujitsu.com/goods/faq/

よくわかる
Microsoft® PowerPoint® 2021 応用
Office 2021／Microsoft® 365 対応
（FPT2214）

2023年 2月12日　初版発行

著作／制作：株式会社富士通ラーニングメディア

発行者：青山　昌裕

発行所：FOM出版 （株式会社富士通ラーニングメディア）
エフオーエム
　　　　〒212-0014 神奈川県川崎市幸区大宮町1番地5　JR川崎タワー
　　　　https://www.fom.fujitsu.com/goods/

印刷／製本：株式会社サンヨー